装配式混凝土建筑口袋书

安 全 管 理

Project Safety Supervision for PC Buildings

主编　潘　峰

参编　刘志航　郭学民

U0322964

机械工业出版社

CHINA MACHINE PRESS

本书由经验丰富的一线技术和管理人员编写而成,聚焦装配式混凝土建筑的重要内容——安全管理,以简洁精练、通俗易懂的语言配合丰富的图片和现实案例,详细地介绍了装配式建筑安全管理的特点、主要规范和依据、与安全有关的设计环节、构件工厂安全管理、施工现场安全管理、常见安全问题及其预防以及典型事故案例等。

本书可作为装配式混凝土建筑施工企业的安全培训手册、管理手册、安全作业指导书,更可作为构件生产企业和施工安装企业的安全管理人员、工程监理人员随身携带的工具书,对总包企业技术人员以及甲方技术人员、构件生产企业的技术人员等也有很好的借鉴和参考价值。

图书在版编目(CIP)数据

装配式混凝土建筑口袋书. 安全管理/潘峰主编. —北京:机械工业出版社, 2019. 1
ISBN 978-7-111-61373-2

Ⅰ. ①装… Ⅱ. ①潘… Ⅲ. ①装配式混凝土结构 – 建筑施工 – 安全管理 Ⅳ. ①TU37

中国版本图书馆 CIP 数据核字(2018)第 260165 号

机械工业出版社(北京市百万庄大街22号 邮政编码100037)
策划编辑:薛俊高 责任编辑:薛俊高
封面设计:张 静 责任校对:刘时光
责任印制:孙 炜
天津翔远印刷有限公司印刷
2019 年 1 月第 1 版第 1 次印刷
119mm×165mm · 7. 25 印张 · 156 千字
标准书号:ISBN 978-7-111-61373-2
定价:29. 00 元

前　言

我非常荣幸地成为装配式混凝土建筑口袋书编委会的成员，并担任《安全管理》一书的主编。

"根之茂者其实遂，膏之沃者其光晔"意即有繁茂的树根才会有丰硕的果实，有充足的灯油才会有明亮的灯光。2016 年 2 月 6 日《中共中央　国务院关于进一步加强城市规划建设管理工作的若干意见》提出，大力推广装配式建筑，力争用 10 年左右时间，使装配式建筑占新建建筑的比例达到30%。作为国家大力倡导的建筑行业转型升级的重要抓手和方向——装配式建筑，同样需要全行业共同努力，从设计、制作、施工、监理等基础工作着手，从全产业链一线工人的操作技能着手，从事关建筑质量和安全的细节着手，只有夯实装配式建筑的基础工作，才能真正探索出适合我国装配式建筑发展的健康大道。

本书聚焦装配式混凝土建筑全过程的安全管理，详细梳理了构件设计、制作与施工环节的操作要点，作为一线人员的工具书、作业指导书和操作规程，目的是让一线人员按照正确的方式、正确的工法进行作业，以保证装配式混凝土建筑的品质，真正实现装配式混凝土建筑的优势。

本书在以郭学明先生为主任、许德民先生和张玉波先生为副主任的编委会指导下，以《装配式混凝土结构建筑的设计、制作与施工》（主编郭学明）、《装配式混凝土建筑——构件工艺设计与制作 200 问》（丛书主编郭学明、主编李营）及《装配式混凝土建筑——施工安装 200 问》（丛书主编郭学明、主编杜常岭）书籍为基础，以相关国家规范及行业规范为依据，结合各位作者丰富的实际安全管理经验编写而成。

全书以简洁精练、通俗易懂的语言配合丰富的现场图片和实际案例，从装配式混凝土建筑构件工厂生产到施工现场的安全问题等诸多方面进行了全面的疏理、深化和细化，以方便和适合一线人员的实际使用。

编委会主任郭学明先生指导、制定了本书的框架及章节提纲，给出了具体的写作意见，并对全书进行了审核；编委会副主任许德民先生参与了全书的审稿和修改工作；编委会副主任张玉波先生对全书进行了校对、修改、具体审核和统稿工作。

本人多年来一直从事装配式混凝土建筑施工技术的研究和实践工作，参加了多项装配式工程建设和政府重大课题研究工作，组织研发了高精度自适应斜撑系统、装配式精益建造可视化管理平台等新技术新装备，被授予首届上海市装配式建筑先进个人，现任上海建工五建集团有限公司工程研究院院长；参编者刘志航，从事多年装配式建筑施工及成本预算等管理工作，参建过多个省市首批装配式项目，有着非常丰富的现场安全管理经验，现担任辽宁精润现代建筑安装工程有限公司商务经理职务；参编者郭学民，从事过多年装配式建筑预制构件生产的管理工作，有着丰富的现场管理经验，现为大连泰和装饰构件有限公司副总经理。

本书共分 8 章。

第 1 章是装配式混凝土建筑简介，讲述了装配式建筑的基本概念、装配整体式混凝土建筑与全装配式混凝土建筑的概念、装配式混凝土建筑结构体系类型、装配式混凝土建筑的连接方式、装配式混凝土建筑预制构件和预制构件制作工艺简介等。

第 2 章介绍了装配式混凝土建筑安全管理特点。

第 3 章讲述了装配式混凝土建筑的安全管理依据和规范。

第 4 章介绍于与安全有关的设计环节，主要包括结构节点设计、吊点设计、预埋件设计、支撑体系设计及拉结件设计等内容。

第5章是构件制作工厂安全管理方面的内容，详细介绍了安全管理要点、场地与道路布置、工艺设计、吊索吊具设计、安全劳动保护用具、设备及工艺安全操作规程、常见违章环节与安全培训等内容。

第6章讲述了施工现场安全管理，重点梳理了安全管理要点、吊索具作业安全要点、设备及作业安全操作规程、工地安全设施配置、常见违章环节与安全培训等内容。

第7章介绍了构件制作环节常见安全问题及其预防、构件安装环节常见安全问题及其预防的相关内容。

第8章重点分析了装配式建筑制作及施工过程中发生的典型事故案例。

我作为主编对全书进行了初步统稿，并是第1章、第2章2.2节、第4章、第5章及第7章7.1节的主要编写者；刘志航是第2章2.1节和2.3节、第6章及第7章7.2节的主要编写者；郭学民是第3章和第8章的主要编写者。其他编委会成员也通过群聊、讨论的方式为本书贡献了许多有益的内容或思路。

感谢上海建工五建集团有限公司工程研究院韩亚明、曹刘坤在本书编写过程中的辛勤付出；感谢上海建工材料工程有限公司朱敏涛为本书提供的部分资料；感谢丛书其他编委的指导和帮助。

由于装配式混凝土建筑在我国发展较晚，有很多施工技术及施工工艺尚未成熟，正在研究探索之中，加之作者水平和经验有限，书中难免有不足和错误之处，敬请读者批评指正。

本书主编　潘　峰

目 录

第1章 装配式混凝土建筑简介

本章介绍什么是装配式建筑（1.1）、什么是装配式混凝土建筑（1.2）、装配整体式混凝土建筑与全装配式混凝土建筑（1.3）、装配式混凝土建筑结构体系类型（1.4）、装配式混凝土建筑连接方式（1.5）、装配式混凝土建筑预制构件（1.6）和预制构件制作工艺简介。

1.1 什么是装配式建筑

1. 常规概念

一般来说，装配式建筑是指由预制部件通过可靠连接方式建造的建筑。按照这个理解，装配式建筑有以下两个主要特征：

(1) 构成建筑的主要构件特别是结构构件是预制的。

(2) 预制构件的连接方式是可靠的。

2. 国家标准定义

按照 2016 年实施的《装配式混凝土建筑技术标准》《装配式钢结构建筑技术标准》和《装配式木结构建筑技术标准》中关于装配式建筑的定义，装配式建筑是"结构系统、外围护系统、内装系统、设备与管线系统的主要部分采用预制部品部件集成的建筑。"如图 1-1

图 1-1 装配式建筑在国家标准定义里的 4 个系统

所示。

这个定义强调装配式建筑是指 4 个系统——而不仅仅是结构系统——的主要部分采用预制部品部件集成。

3. 对国家标准定义的理解

国家标准关于装配式建筑的定义。既有现实意义，又有长远意义。原因在于这个定义基于以下国情：

（1）近年来中国建筑特别是住宅建筑的规模是人类建筑史上前所未有的，如此大的规模特别适合于建筑产业全面（而不仅仅是结构部件）实现工业化与标准化。

（2）目前我国建筑标准低，适宜性、舒适度和耐久性还较差，商品房交易还是以交付毛坯房为主，管线大多埋设在混凝土中，天棚无吊顶、地面不架空、排水不同层等。强调 4 个系统的集成，有助于建筑标准的全面提升。

（3）我国建筑业施工工艺还比较落后，不仅表现在结构施工方面，更体现在设备管线系统和内装系统方面，标准化、工业化程度较低，与发达国家比还存在一定的差距。

（4）由于建筑标准低和施工工艺落后，材料、能源消耗高，因此是我国当前节能减排的重要战场。

鉴于以上各点，强调 4 个系统的集成，不仅是"补课"的需要，更是适应现实、面向未来的需要。通过推广以 4 个系统集成为主要特征的装配式建筑，对于全面提升我国建筑现代化水平，提高环境效益、社会效益和经济效益都有着非常积极的长远意义。

4. 装配式建筑的分类

（1）现代装配式建筑按主体结构材料分类，有装配式混凝土建筑（图 1-2）、装配式钢结构建筑（图 1-3）、装配式木结构建筑（图 1-4）和装配式组合结构建筑（图1-5）等。

图 1-2 装配式混凝土结构建筑——沈阳丽水新城（中国最早的一批装配式建筑）

图 1-3 装配式钢结构建筑（美国科罗拉多州空军小教堂）

图 1-4 世界最高的装配式木结构建筑（温哥华 UBC 大学学生公寓楼，高 53m）

图 1-5 装配式组合结构建筑（东京鹿岛赤坂大厦——混凝土结构与钢结构组合）

（2）装配式建筑按结构体系分类，有框架结构、框架-剪力墙结构、筒体结构、剪力墙结构、无梁板结构、空间薄壁结构、悬索结构、预制钢筋混凝土柱单层厂房结构等。

（3）从安全管理的角度上来看，装配式建筑也可以按照以下几种形式来分类，且不同的分类对于安全设施的要求是不一样的：

1）按高度分类：有低层建筑（1~3层）、多层建筑（4~6层）、中高层建筑（7~9层）、高层建筑（10层及以上）和超高层建筑（100m以上）。

2）按预制的范围和内容分类：有普通预制率的建筑（仅装配"三板"——楼梯板、叠合板、内墙板），高预制率建筑（除了"三板"之外，还有外墙板或柱、梁等）以及外围护结构单项预制等。

3）按构件重量分类：有轻型构件（所用塔式起重机类型与现浇一样，不需额外调整，一般为 QTZ31.5 或者 QTZ40型）、普通构件（所用塔式起重机范围比现浇用塔式起重机大，需要调高一到两个型号，一般为 QTZ63 或 QTZ80 型）、重型构件（所用塔式起重机范围比现浇用塔式起重机大很多，需要调高 3 个或更高的型号，一般为 QTZ125 或者更高型号）。

4）按外围护系统的构件集成类型来分类：有装饰结构一体化构件（不需要外脚手架）和非装饰结构一体化构件（仍然需要外脚手架）。

5）按预制构件种类来分类：有常规构件（经常用到的楼梯、叠合板、内墙、外墙等）和特殊构件（超大尺寸构件、跨层构件、异形构件、曲面构件和连体构件等）。

1.2 什么是装配式混凝土建筑

1. 装配式混凝土建筑的定义

按照装配式混凝土建筑国家标准的定义，装配式混凝土建筑是指"建筑的结构系统由混凝土部件构成的装配式建筑。"而装配式建筑又是结构、外围护、内装和设备管线系统的主要部品部件预制集成的建筑。因此，装配式混凝土建筑就有两个主要特征：

第一个特征是构成建筑结构的构件是混凝土预制构件。

第二个特征是装配式混凝土建筑是 4 个系统——结构、外围护、内装和设备管线系统的主要部品部件由预制集成的建筑。

国际建筑界习惯上把装配式混凝土建筑简称为 PC 建筑，PC 是英语 Precast Concrete 的缩写，是预制混凝土的意思。

2. 装配式混凝土建筑的预制率和装配率

近年来，国家和各级政府主管建筑部门在推广装配式建筑特别是装配式混凝土建筑时，经常用到预制率和装配率的概念，简要介绍如下：

（1）预制率

预制率（precast ratio）一般是指装配式混凝土建筑中，建筑室外地坪以上的主体结构和围护结构中，预制构件部分的混凝土用量占对应部分混凝土总用量的体积比。

装配式混凝土建筑按预制率的高低可分为：小于 5% 为局部使用预制构件，5%～20% 为低预制率，20%～50% 为普通预制率，50%～70% 为高预制率，70% 以上为超高预制率（图 1-6）。需要说明的是，全装配式混凝土结构的预制率最高可以达到 100%，但装配整体式混凝土结构的预制率最高只能达到 90% 左右。

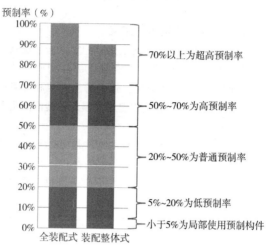

图 1-6 装配式混凝土建筑的预制率

（2）装配率

按照《装配式建筑评价标准》GB/T 51129—2017 的定义，装配率（prefabrication ratio）是指单体建筑室外地坪以上的主体结构、围护墙和内隔墙、装修和设备管线等采用预制部品部件的综合比例。

装配率一般根据表 1-1 中的评价分值按下式计算：

$$P = \frac{Q_1 + Q_2 + Q_3}{100 - Q_4} \times 100\% \qquad 式（1-1）$$

式中 P——装配率；

Q_1——主体结构指标实际得分值；

Q_2——围护墙和内隔墙指标实际得分值；

Q_3——装修与设备管线指标实际得分值；

Q_4——计算项目中缺少的计算项分值总和。

表1-1 装配式建筑评分表

评价项		指标要求	计算分值	最低分值
主体结构（50分）	柱、支撑、承重墙、延性墙板等竖向构件	35%≤比例≤80%	20~30*	20
	梁、板、楼梯、阳台、空调板等构件	70%≤比例≤80%	10~20*	
围护墙和内隔墙（20分）	非承重围护墙非砌筑	比例≥80%	5	10
	围护墙与保温、隔热、装饰一体化	50%≤比例≤80%	2~5*	
	内隔墙非砌筑	比例≥50%	5	
	内隔墙与管线、装修一体化	50%≤比例≤80%	2~5*	
装修和设备管线（30分）	全装修	—	6	6
	干式工法的楼面、地面	比例≥70%	6	—
	集成厨房	70%≤比例≤90%	3~6*	
	集成卫生间	70%≤比例≤90%	3~6*	
	管线分离	50%≤比例≤70%	4~6*	

注：表中带"*"项的分值采用"内插法"计算，计算结果取小数点后1位。

3. 国内装配式混凝土建筑的实例

我国装配式混凝土建筑的历史始于20世纪50年代，到80年代达至高潮，预制构件厂一度星罗棋布。但这些装配式混凝土建筑由于当时的技术和经验原因，抗震、漏水、透寒等问题没有得到很好地解决，而使装配式建筑日渐式微。到90年代初期，预制构件厂基本销声匿迹，现浇混凝土结构逐渐成为建筑舞台的主角。

进入21世纪后，由于建筑质量、劳动力成本和节能减排等因素，中国重新启动了装配式建筑的进程，近10年来更取得了非常大的进展，引进了国外成熟的技术，自主研发了一些适应中国特点的技术，并建造了一些装配式混凝土建筑（图1-7~图1-10），积累了宝贵的经验，也得到了一些教训。

其中，图1-7是中国第一个在土地出让环节加入装配式建筑要求的商业开发项目，也是中国第一个大规模采用装配式建筑方式建设的商品住宅项目。

图1-7 沈阳万科春河里17号楼（中国最早的高预制率框架结构装配式混凝土建筑）

图1-8 上海浦江保障房（国内应用范围最广泛的剪力墙结构装配式混凝土建筑）

图 1-9 应用于大连的某大型
装配式混凝土结构工业厂房
（单体建筑面积超 10 万 m²）

图 1-10 应用于哈尔滨大剧院的
局部清水混凝土外挂墙板（包含
平面板、曲面板和双曲面板等）

1.3 装配整体式混凝土建筑与全装配式混凝土建筑

装配式混凝土建筑根据预制构件连接方式的不同，可分为装配整体式混凝土建筑和全装配混凝土建筑。

1.3.1 装配整体式混凝土建筑

按照行业标准《装配式混凝土结构技术规程》（JGJ 1—2014，以下简称《装规》）和国家标准《装配式混凝土建筑技术标准》（GB/T 51231—2016，以下简称《装标》）的定义，装配整体式混凝土建筑是指"由预制混凝土构件通过可靠的方式进行连接并与现场后浇混凝土、水泥基灌浆料形成整体的装配式混凝土结构"。简言之，装配整体式混凝土结构的连接以"湿连接"为主要方式，详见本章 1.5 节。

装配整体式混凝土结构具有较好的整体性和抗震性。目前，大多数多层和全部高层装配式混凝土建筑都采用装配整体式，有抗震要求的低层装配式建筑也多采用装配整体式结构，见图 1-11。

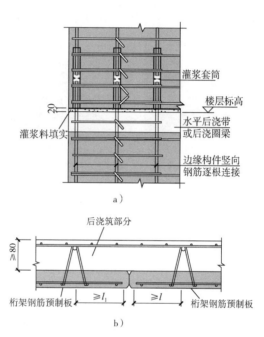

图 1-11 装配整体式建筑的"湿连接"节点图

a）灌浆套筒连接节点图 b）后浇混凝土连接节点图

1.3.2 全装配式混凝土建筑

全装配式混凝土建筑是指预制混凝土构件靠干法连接，即用螺栓连接或焊接形成的装配式建筑。

全装配式混凝土建筑整体性和抗侧向作用的能力较差，不适用于高层建筑。但它具有构件制作简单、安装便利、工期短和成本低等优点。国外许多低层和多层建筑多采用全装配式混凝土结构，见图 1-12。

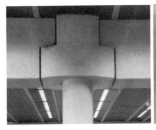

图 1-12　全装配式建筑-美国凤凰城图书馆里的"干连接"节点图

1.4　装配式混凝土建筑结构体系类型

作为装配式混凝土建筑工程的从业者,应当对装配式混凝土建筑结构体系有大致的了解,现简介如下。

1.4.1　框架结构

框架结构是由柱、梁为主要构件组成的承受竖向和水平作用的结构,选用装配式建筑方案时,其预制构件可包括预制楼梯、预制叠合板、预制柱、预制梁等。此结构适用于多层和小高层装配式建筑,是应用非常广泛的结构之一,见图 1-13 和图 1-14。

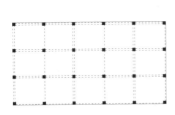

图 1-13　框架结构平面示意图　　图 1-14　框架结构立体示意图

1.4.2 框架-剪力墙结构

框架-剪力墙结构是由柱、梁和剪力墙共同承受竖向和水平作用的结构，选用装配式建筑方案时，其预制构件可包括预制楼梯、预制叠合板、预制柱、预制梁等，但其中剪力墙部分一般为现浇。此结构适用于高层装配式建筑，在国外应用较多，见图1-15和图1-16。

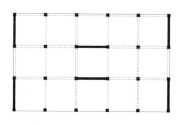

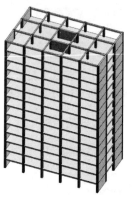

图 1-15 框架-剪力墙结构　　图 1-16 框架-剪力墙结构
平面示意图　　　　　　　立体示意图

1.4.3 剪力墙结构

剪力墙结构是由剪力墙组成的承受竖向和水平作用的结构，剪力墙与楼盖一起组成空间体系。选用装配式建筑方案时，其预制构件可包括预制楼梯、预制叠合板、预制剪力墙等。此结构可用于多层和高层装配式建筑，在国内应用较多，国外高层建筑中应用较少，见图1-17和图1-18。

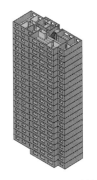

图 1-17　剪力墙结构平面示意图　　　图 1-18　剪力墙结构
　　　　　　　　　　　　　　　　　　　　　　　立体示意图

1.4.4　框支剪力墙结构

　　框支剪力墙结构是剪力墙因建筑要求不能落地，只能直接落在下层框架梁上，再由框架梁将荷载传至框架柱上的结构体系。选用装配式建筑方案时，其预制构件可包括预制楼梯、预制叠合板、预制剪力墙等，但其中下层框架部分一般为现浇。此结构可用于底部商业（大空间）、上部住宅的建筑，见图 1-19 和图 1-20。

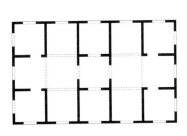

图 1-19　框支剪力墙结构　　　图 1-20　框支剪力墙
　　　　　平面示意图　　　　　　　　结构立体示意图

1.4.5 筒体结构

筒体结构是将剪力墙或密柱框架集中到房屋的内部和外围而形成的空间封闭式的筒体,根据内部和外围的组合不同,可分为密柱单筒结构(图 1-21 和图 1-22)、密柱双筒结构、密柱 + 剪力墙核心筒结构、束筒结构、稀柱 + 剪力墙核心筒结构等。选用装配式建筑方案时,其预制构件可包括预制楼梯、预制叠合板、预制柱、预制梁等。此结构适用于高层和超高层装配式建筑,在国外应用较多。

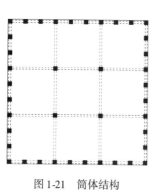

图 1-21 筒体结构
(密柱单筒)平面示意图

图 1-22 筒体结构
(密柱单筒)立体示意图

1.4.6 无梁板结构

无梁板结构是由柱、柱帽和楼板组成的承受竖向与水平作用的结构。选用装配式建筑方案时,其预制构件可包括预制楼梯、预制叠合板、预制柱等。此结构适用于商场、停车场、图书馆等大空间装配式建筑，见图 1-23 和图 1-24。

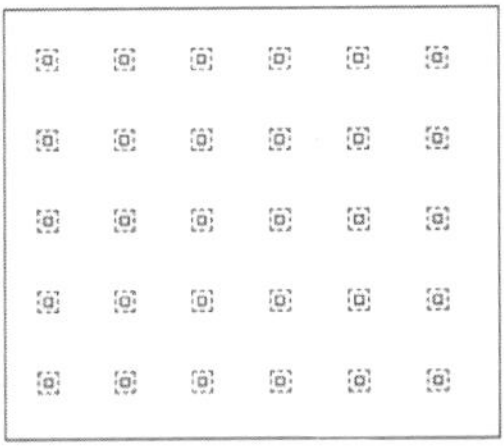

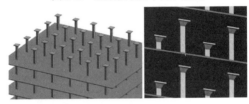

图 1-23　无梁板结构平面示意图

图 1-24　无梁板结构立体示意图

1.4.7　单层厂房结构

单层厂房结构是由钢筋混凝土柱、轨道梁、预应力混凝土屋架或钢结构屋架组成承受竖向和水平作用的结构。选用装配式建筑方案时，其预制构件可包括预制柱、预制轨道梁、预应力屋架等。此结构适用用于工业厂房装配式建筑，见图 1-25 和图 1-26。

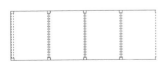

图 1-25　单层厂房结构
平面示意图

图 1-26　单层厂房结构
立体示意图

1.4.8 空间薄壁结构

空间薄壁结构是由曲面薄壳组成的承受竖向与水平作用的结构。选用装配式建筑方案时，其预制构件可包括预制楼梯、预制叠合板、预制外围护挂板等。此结构适用于大型装配式公共建筑，见图 1-27。

图 1-27 空间薄壁结构实例——悉尼歌剧院

1.5 装配式混凝土建筑连接方式

1.5.1 连接方式概述

连接是装配式混凝土建筑最关键的环节，也是保证结构安全需要重点监理的环节。

装配式混凝土建筑的连接方式主要分为两类：湿连接和干连接。

湿连接是用混凝土或水泥基浆料与钢筋结合形成的连接，如套筒灌浆、浆锚搭接和后浇混凝土等，适用于装配整体式混凝土建筑的连接；干连接主要借助于金属连接，如螺栓连接、焊接等，适用于全装配式混凝土建筑的连接和装配整体式混凝土建筑中的外挂墙板等非主体结构构件的连接。

湿连接的核心是钢筋连接，包括套筒灌浆、浆锚搭接、机械套筒连接、注胶套筒连接、绑扎连接、焊接、锚环钢筋连接、钢索钢筋连接、后张法预应力连接等。湿连接还包括预制构件与现浇接触界面的构造处理，如键槽和粗糙面；以及其他方式的辅助连接，如型钢螺栓连接。

干连接用得最多的方式是螺栓连接、焊接和搭接。

为了使读者对装配式混凝土建筑连接方式有一个清晰、全面的了解，这里给出了装配式混凝土结构连接方式一览，见图 1-28。

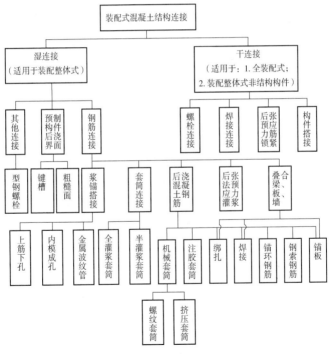

图 1-28　装配式混凝土结构连接方式一览

1.5.2 主要连接方式简介

1. 套筒灌浆连接

套筒灌浆连接是装配整体式结构中最主要最成熟的连接方式，由美国人在1970年发明，至今已经有40多年的历史，得到广泛应用，目前在日本应用最多，已用于很多超高层建筑，最高的建筑有208m（图1-29）。日本套筒灌浆连接的装配式混凝土建筑已经经历过多次大地震考验。

图1-29　日本大阪北浜公寓

套筒灌浆连接的工作原理是：将需要连接的带肋钢筋插入金属套筒内"对接"，在套筒内注入高强、早强且有微膨胀特性的灌浆料，灌浆料在套筒筒壁与钢筋之间形成较大的正向应力，从而在钢筋带肋的粗糙表面产生较大的摩擦力，由此得以传递钢筋的轴向力，见图1-30。

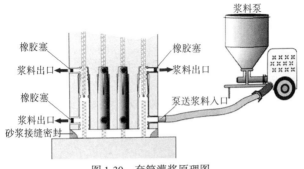

图 1-30 套筒灌浆原理图

2. 浆锚搭接

浆锚搭接的工作原理是：将需要连接的带肋钢筋插入预制构件的预留孔道里，预留孔道内壁是螺旋形的。钢筋插入孔道后，在孔道内注入高强、早强且有微膨胀特性的灌浆料，锚固住插入钢筋。在孔道旁边，是预埋在构件中的受力钢筋，插入孔道的钢筋与之"搭接"，两根钢筋共同被螺旋筋或箍筋所约束，见图 1-31。

浆锚搭接螺旋孔成孔方式有两种：一是埋设金属波纹管成孔，二是用螺旋内模成孔。前者在实际应用中更为可靠一些。

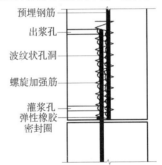

图 1-31 浆锚搭接原理图

3. 后浇混凝土

后浇混凝土是指预制构件安装后在预制构件连接区或叠合层现场浇筑的混凝土。在装配式建筑中，基础、首层、裙楼、顶层等部位的现浇混凝土，就叫"现浇混凝土"；连接和叠合部位的现浇混凝土叫"后浇混凝土"。

后浇混凝土是装配整体式混凝土结构的非常重要的连接方式。到目前为止，世界上所有的装配整体式混凝土结构建筑，都会有后浇混凝土。

钢筋连接是后浇混凝土连接节点最重要的环节（图1-32）。后浇区的钢筋连接方式包括：

图1-32　后浇混凝土区域的受力钢筋连接

（1）机械（螺纹、挤压）套筒连接。

（2）注胶套筒连接（日本应用较多）。

（3）灌浆套筒连接。

（4）钢筋搭接。

（5）钢筋焊接等。

4．粗糙面与键槽

预制混凝土构件与后浇混凝土的接触面须做成粗糙面或键槽，以提高抗剪能力。试验表明，不计钢筋作用的平面、粗糙面和键槽混凝土抗剪能力的比例关系是1∶1.6∶3，也就是说，粗糙面抗剪能力是平面的1.6倍，键槽是平面的3倍。所以，预制构件与后浇混凝土接触面或做成粗糙面，或做成键槽，或两者兼有。

粗糙面和键槽的实现办法：

（1）粗糙面

对于压光面（如叠合板叠合梁表面）在混凝土初凝前一般通过"拉毛"形成粗糙面，见图1-33。

图1-33　预应力叠合板压光面拉毛处理

对于模具面（如梁端、柱端表面），可在模具上涂刷缓凝剂，拆模后用水冲洗未凝固的水泥浆，露出骨料，形成粗糙面。

（2）键槽

键槽是靠模具凸凹成型的，图1-34是日本预制柱底部的键槽示例。

图1-34　日本预制柱底部的键槽示例

1.5.3　连接方式适用范围

各种结构连接方式适用的构件与结构体系见表1-2。需要强调的是，套筒灌浆连接方式是目前竖向构件最主要的连接方式。

表 1-2 装配式混凝土结构连接方式及适用范围

类别	序号	连接方式	可连接的构件	适用范围
灌浆	1	套筒灌浆	柱、墙	适用于各种结构体系高层建筑
灌浆	2	内模成孔灌浆锚搭接	柱、墙	房屋高度小于三层或 12m 的框架结构，二、三级抗震的剪力墙结构（非加强区）
灌浆	3	金属波纹管浆锚搭接	柱、墙	适用于各种结构体系高层建筑
湿连接 / 后浇混凝土钢筋连接	4	机械（螺纹、挤压）套筒钢筋连接	梁、板	适用于各种结构体系高层建筑
后浇混凝土钢筋连接	5	注胶套筒钢筋连接	梁、楼板	适用于各种结构体系高层建筑
后浇混凝土钢筋连接	6	灌浆套筒钢筋连接	梁	适用于各种结构体系高层建筑
后浇混凝土钢筋连接	7	环形钢筋绑扎连接	墙板水平连接	适用于各种结构体系高层建筑
后浇混凝土钢筋连接	8	直钢筋绑扎搭接	梁、楼板、阳台板、挑檐板、楼梯板固定端	适用于各种结构体系高层建筑
后浇混凝土钢筋连接	9	直钢筋无绑扎搭接	双面叠合板剪力墙、圆孔剪力墙	适用于剪力墙结构体系高层建筑
后浇混凝土钢筋连接	10	钢筋焊接	梁、楼板、阳台板、挑檐板、楼梯板固定端	适用于各种结构体系高层建筑
后浇混凝土	11	套环连接	墙板水平连接	适用于各种结构体系高层建筑
后浇混凝土	12	绳索套环连接	墙板水平连接	适用于多层框架结构和低层板式结构
其他连接	13	型钢	柱	适用于框架结构体系高层建筑

（续）

类别		序号	连接方式	可连接的构件	适用范围
湿连接	叠合构件后浇筑混凝土连接	14	钢筋折弯锚固	叠合梁、叠合板、叠合阳台等	适用于各种结构体系高层建筑
		15	钢筋锚板锚固	叠合梁	适用于各种结构体系高层建筑
	预制混凝土与后浇混凝土连接面	16	粗糙面	各种接触后浇筑混凝土的预制构件	适用于各种结构体系高层建筑
		17	键槽	柱、梁等	适用于各种结构体系高层建筑
干连接		18	螺栓连接	楼梯、墙板、梁、柱	楼梯结构适用于各种结构构件适用于框架结构或组装墙板结构低层建筑
		19	构件焊接	楼梯、墙板、梁、柱	楼梯结构适用于各种结构构件适用于框架结构或组装墙板结构低层建筑

1.6 装配式混凝土建筑预制构件

为了使读者对预制构件有一个总体的了解,我们将常用预制构件分为 8 大类,分别是楼板 (1.6.1)、剪力墙板 (1.6.2)、外挂墙板 (1.6.3)、框架墙板 (1.6.4)、梁 (1.6.5)、柱 (1.6.6)、复合构件 (1.6.7) 和其他构件 (1.6.8) 等。这 8 大类中每一大类又可以分为若干小类,合计 68 种。分别用实物图片的形式简示如下。

1.6.1 楼板 (图 1-35 ~ 图 1-44)

图 1-35 实心板　　图 1-36 空心板　　图 1-37 叠合楼板

 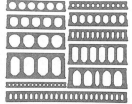

图 1-38 预应力空心板 (左:实物;右:截面示意图)

图 1-39 预应力叠合肋板 (左:出筋;右:不出筋)

图 1-40 预应力双 T 板

图 1-41 预应力倒槽形板

图 1-42 空间薄壁板

图 1-43 非线性屋面板

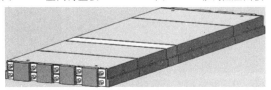

图 1-44 后张法预应力组合板

1.6.2 剪力墙板（图 1-45 ~ 图 1-54）

图 1-45 剪力墙外墙板

图 1-46 T 形剪力墙板

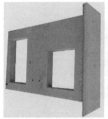

图 1-47　L 形剪力　　图 1-48　U 形剪　　图 1-49　L 形外叶板
　　墙板　　　　　　　力墙板

图 1-50　双面叠合剪　　图 1-51　预制圆孔　　图 1-52　剪力
　　力墙板　　　　　　　墙板　　　　　　　墙内墙板

图 1-53　窗下轻体墙板　　图 1-54　夹芯保温剪力墙板

1.6.3 外挂墙板（图1-55～图1-59）

图1-55 整间外挂墙板（左：无窗；中：有窗；右：多窗）

图1-56 横向外挂墙板

图1-57 竖向外挂墙板（左：单层；右：多层）

图1-58 非线性墙板　　　　　图1-59 镂空墙板

1.6.4 框架墙板（图1-60、图1-61）

图1-60 暗柱暗梁墙板　　　　图1-61 暗梁墙板

1.6.5 梁（图1-62~图1-72）

图1-62 普通梁

图 1-63　T 形梁

图 1-64　凸形梁

图 1-65　带挑耳梁

图 1-66　叠合梁

图 1-67　带翼缘梁

图 1-68　连梁

图 1-69　U 形梁

图 1-70　叠合莲藕梁

图 1-71　工字形屋面梁

图 1-72　连筋式叠合梁

1.6.6　柱（图 1-73 ~ 图 1-81）

图 1-73　方柱

图 1-74　L 形扁柱

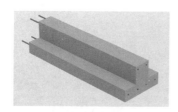

图 1-75　T 形扁柱

图 1-76　带翼缘柱

图 1-77 带柱帽柱

图 1-78 带柱头柱

图 1-79 跨层方柱

图 1-80 跨层圆柱

图 1-81 圆柱

1.6.7 复合构件（图 1-82～图 1-88）

图 1-82 莲藕梁

图 1-83 单莲藕梁

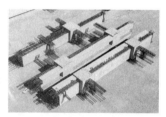

图 1-84 双莲藕梁

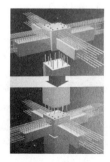

图 1-85 十字形莲藕梁

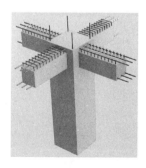

图 1-86 平面十字形梁柱

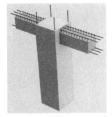

图 1-87　T 形柱梁　　　　图 1-88　草字头形梁柱一体构件

1.6.8　其他构件（图 1-89 ~ 图 1-102）

图 1-89　楼梯（单跑、双跑）

图 1-90　叠合阳台板　图 1-91　无梁板柱帽　图 1-92　杯形柱基础

图 1-93　全预制阳台板

图 1-94　空调板

图 1-95　带围栏阳台板

图 1-96　整体飘窗

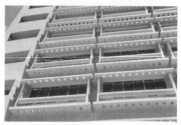

图 1-97　遮阳板

图 1-98　室内曲面护栏板

图 1-99　轻质内隔墙板

图 1-100　挑檐板

图 1-101　女儿墙板

图 1-102　高层钢结构配套用防屈曲剪力墙板

1.7　预制构件制作工艺简介

常用预制构件的制作工艺有两类：固定式和流动式。其中固定式包括固定模台工艺、独立立模工艺和预应力工艺等；流动式包括流动模台工艺和自动流水线工艺等。不同的生产工艺对安全管理的要求也不尽相同。

1. 固定模台工艺

固定模台是一块平整度较高的钢结构平台，也可以是高平整度高强度的水泥基材料平台。以固定模台作为预制构件的底模，在模台上固定构件侧模，组合成完整的模具（图1-103）。

固定模台工艺组模、放置钢筋与预埋件、浇筑振捣混凝土、构件养护和拆模都在固定的模台上进行。固定模台工艺的模台是固定不动的，作业

图 1-103　固定模台工艺

人员在各个固定模台间"流动"。钢筋骨架用吊车送到各个固定模台处；混凝土用送料车或送料吊斗送到固定模台处，养护蒸汽管道也通到各个固定模台下，实行预制构件就地养护；预制构件脱模后再用吊车送到存放区。

固定模台工艺的特点是预制构件制作所需的原材料、半成品、部品、部件由其他部位通过空中或地面分别运送至各固定模台，各工种作业人员在固定模台上流转作业，物品及人员流转量大且频繁及穿插作业易发生安全事故，这是固定模台工艺安全防范的重点。

固定模台工艺是预制构件制作中应用最广的工艺。

2. 立模工艺

立模是由侧板和独立的底板（没有固定的底模）组成的模具。立模工艺中组模、放置钢筋与预埋件、浇筑振捣混凝土、构件养护和拆模与固定模台一致，只是产品是立式浇筑成型。

立模工艺又分为独立立模工艺（图1-104）和集约式立模工艺（图1-105）两种。

图1-104　独立立模——楼梯模具

立模工艺安全防范的重点是组模过程中防止模具的倾倒，

其他安全防范内容与固定模台工艺相同。

图1-105　集约式立模（内墙板）

3. 预应力工艺

预应力有先张法和后张法两种工艺，预制构件制作采用先张法工艺（图1-106）较多，先张法预应力预制构件生产时，首先将预应力钢筋，按规定在模台上铺设并张拉至初应力后进行钢筋作业，完成后整体张拉到规定的张力，然后浇筑混凝土成型或者挤压混凝土成型，混凝土经过养护、达到放张强度后拆卸边模和肋模，放张并切断预应力钢筋，切割预应力楼板。先张法预应力混凝土具有生产工艺简单、生产效率高、质量易控制、成本低等特点。除钢筋张拉和楼板切割外，其他工艺环节与固定模台工艺接近。

预应力工艺在预应力钢筋的张拉和切

图1-106　预应力工艺

断时要加强安全防范，其他安全防范内容也与固定模台工艺相同。

4. 流动模台工艺

流动模台工艺（图1-107）是将标准订制的模台放置在滚轴或轨道上，使其能在各个工位循环流转。首先在组模区组模；然后移动到放置钢筋骨架和预埋件的作业区段，进行钢筋骨架和预埋件入模作业；再移动到浇筑振捣平台上进行混凝土浇筑；完成浇筑后模台下的平台振动，对混凝土进行振捣；之后，模台移动到养护窑进行养护；养护结束出窑后移到脱模区脱模，进行必要的修补作业后将预制构件运送存放区存放。

图1-107　流动模台工艺

流动模台工艺主要设备有：固定脚轮或轨道、模台、模台转运小车、模台清扫机、划线机、布料机、拉毛机、码垛机、养护窑、翻转机等，每一台设备都需要专人操作，独立运行。流水线工艺在划线、喷涂脱模剂、浇筑混凝土、振捣环节部分实现了自动化，可以集中养护、在制作大批量同类型板式构件时，可以提高生产效率、节约能源以及降低工人劳动强度。

流动模台工艺虽然作业人员工种工位相对固定，但模台流转时需要频繁更换作业模台，因此，安全防范的重点是作业人员上下模台时防摔倒、模台流转时防撞伤及挤伤。

5. 自动流水线工艺

自动流水线工艺就是高度自动化的流水线工艺，可分为全自动流水线工艺（混凝土自动成型和钢筋自动加工）和半自动流水线工艺（混凝土自动成型和非自动钢筋加工）两种。

全自动流水线通过电脑编程软件控制，将混凝土成型流水线设备（图 1-108）和自动钢筋加工流水线设备（图 1-109）两部分自动衔接起来，能根据图纸信息及工艺要求操纵系统自动完成模板清理、机械手划线、机械手组模、脱模剂喷涂、钢筋加工、钢筋机械手入模、混凝土自动浇筑、机械振捣、电脑控制养护、翻转机、机械手抓取边模入库等全部工序。

图 1-108　全自动流水线设备

与全自动流水线相比，半自动流水线仅包括了混凝土成型设备，不包括全自动钢筋加工设备。

全自动流水线作业人员较少，安全管理方便，但不得掉以轻心，安全防范的重点是防止作业人员或其他人员误入模台流转通道内。

图1-109　全自动钢筋加工设备

6. 钢筋加工工艺

按加工方式的不同，钢筋加工设备一般可分为两类，一类是全自动化加工设备（图1-109），一类是常规的半自动/手动加工设备（图1-110）。自动化能够加工的钢筋单件半成品较多，但加工钢筋骨架主要还是由手工作业完成。在钢筋加工时安全防范的重点是严格按照安全操作规程操作各种钢筋加工设备，手工作业时还要严防切断机、弯曲机等对作业人员造成挤压伤害等安全事故。

图1-110　普通钢筋切断机

第2章 装配式混凝土建筑安全管理特点

本章介绍装配式混凝土建筑安全管理特点,包括:与现浇混凝土建筑安全管理不同之处(2.1)、预制构件工厂安全员岗位标准(2.2)及施工现场安全员岗位标准(2.3)。

2.1 与现浇混凝土建筑安全管理不同之处

与现浇混凝土建筑安全管理相比,装配式混凝土建筑安全管理在管理范围、管理过程、管理要点和工人技能等四个方面存在较大不同,见图2-1。

1. 安全管理范围扩大

装配式建筑与传统现浇混凝土建筑比较,安全管理除了包括施工现场外,预制构件生产、存放、运输等过程也是重要组成部分。

(1)预制构件生产的安全管理 包括预制构件生产过程的组模、钢筋加工与绑扎、混凝土搅拌、混凝土浇筑、拆

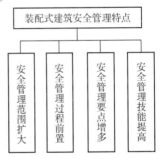

图2-1 装配式建筑安全管理特点

模、脱模、翻转、养护等作业的安全管理,隐蔽工程验收、预留预埋、成品保护、安全标识等都是安全管理的重要环节。

(2)预制构件吊运、存放、装车、运输的安全管理 包括预制构件工厂内预制构件转运、存放、道路运输规划及起重设备、吊装和运输支架、施工现场预制构件场内道路规划、卸车及存放专用工装等。

（3）预制构件施工现场的安全管理　包括施工现场的吊装、灌浆等施工机械及工具、临时支撑、专用脚手架等安全设施、关键工序的作业管理等。

2. 安全管理过程前置

装配式建筑安全管理虽然主要发生在预制构件生产运输与现场吊装施工的环节，但是这两个环节中的很多安全管理设施，需要提前在深化设计、甚至是施工图设计阶段进行统筹考虑和设计，否则将会对预制构件生产阶段和现场施工阶段的安全产生不利影响。

（1）施工图设计阶段　结构布置对拆分以及构件类型、规格和重量的影响，与构件制作施工的安全生产有重要关系。例如，预制构件的伸出钢筋尺寸超出模台尺寸，就会影响安全。

（2）深化设计阶段　须考虑塔式起重机、人货电梯等施工设施设备连接埋件、临时支撑连接埋件、安全防护设计连接埋件、模板体系与预制构件连接埋件、吊点埋件等。应确定预制构件吊点的负荷、位置、类型和锚固方式；应考虑脚手架拉结点位置、施工设施设备附着点等，见图2-2。

图2-2　装配式建筑工程专用工具防护架

3. 安全管理要点增多

装配式建筑除了常规现浇混凝土建筑的施工要点外，还包括制作环节的安全要点、装配式建筑施工专用安全设施、专项工程安全等内容。

（1）制作环节的安全要点　包括起重设备与作业安全、三维物流路线设计、道路人车分流、支模、脱模作业安全、钢筋骨架入模安全，构件吊运、翻转、存放、装车安全、工厂用电及用汽安全等。

（2）装配式建筑施工专用设施安全　包括起重设备、专用升降平台、专用工具防护架体、专用支撑体系、预制构件专用就位工装等设施的安全管理。例如装配式建筑工程施工的特点是起重量大、精度高，在选择起重设备时要根据整体工程情况，重点考虑起重量、起重精度、起重高度和起重幅度，目前国内通常有以下几种起重机可供选择，见图2-3。

图2-3　塔式动臂起重机、塔式平臂起重机、
履带式起重机和轮式起重机

1）固定式塔式起重机（平臂式、动臂式，又可分为外附式和内爬式）。

2）移动式起重机（履带式、轨道式、轮胎式、汽车式）。

起重机在装配式建筑施工中也有专门的安全管理内容。

（3）装配式建筑专项工程安全 包括预制构件吊装作业、临时支撑架设、灌浆作业、脚手架架设、外墙打胶等装配式建筑专项工程的安全管理。

4. 安全管理技能要求提高

装配式建筑构件制作与安装施工的复杂和精确程度，对工厂和施工现场的工人技能提出了较高要求，因此装配式建筑工人的专项技能也是影响装配式建筑安全管理的重要因素。

（1）许多构件工厂既有流水线工艺，又有固定膜台工艺，还有立模工艺（如楼梯），需要工人掌握不同工艺的安全生产技能。

（2）塔式起重机司机培训及其操作规程

由于预制构件普遍较重，因此预制构件的起重吊装工作属于高危险作业。同时，预制构件的安装精度要求较高。竖向构件有多个套筒或浆锚孔需要同时对准连接钢筋才能安装到位。这就要求装配式建筑工程施工企业制定详细严格的塔式起重机司机岗位标准和操作规程。在施工操作过程中，塔式起重机司机应严格遵守岗位标准和操作规程，服从指挥，集中精力，精心操作，才能保证安全和安装质量。

（3）信号工培训及其操作规程

信号工也叫吊装指令工，负责向塔式起重机司机传递吊装信号。信号工应熟悉预制构件的安装流程和质量要求，全程指挥预制构件的起吊、平移降落、就位、脱钩等工序。该工种是装配式建筑施工安装中保证质量、效率和安全的关键工种。信号工应严格遵守岗位标准和操作规程，其技术水平、质量意识、安全意识和责任心都应当过硬。

（4）安装工培训及其操作规程

安装工负责预制构件的起吊、就位、安装和调节等工作。安装工要熟练掌握不同预制构件的安装特点和安装要求，施工操作过程中，要与塔式起重机司机和信号工密切配合，严格遵守相应的岗位标准和操作规程，才能保证预制构件的安装质量和施工安全。

（5）灌浆料制备工培训及其操作规程

灌浆料制备工负责灌浆料的搅拌配制，灌浆料的配制质量直接影响装配式建筑工程预制构件连接关键节点的工程质量。灌浆料制备工须熟悉掌握灌浆料的性能和配制要求，严格按照灌浆料的水料比进行灌浆料的配制，严格遵守灌浆料制备工的岗位标准和操作规程。

（6）灌浆工培训及其操作规程

灌浆工负责预制构件连接节点的灌浆工作，灌浆工须熟悉掌握灌浆料的使用性能及灌浆设备的机械性能，严格执行灌浆工作的岗位标准和操作规程。施工过程中，灌浆工与灌浆料制备工要协同作业，才能保证预制构件连接关键节点的工程质量。灌浆工的质量意识和责任心要强，须经过专业培训，并经考试合格获得证书后，方可上岗作业。

2.2　预制构件工厂安全员岗位标准

（1）安全管理制度的编制与修订

1）安全生产管理人员要具备预制构件安全生产管理的能力，并经有关主管部门的安全生产知识和管理能力考核合格，且须持证上岗。

2）认真学习贯彻《安全生产法》《建设工程安全生产管理条例》《劳动合同法》及相关安全法规、标准和规章制度，学习贯彻《装配式混凝土结构技术规程》《装配式混凝土建筑技术标准》中有关安全的规定。熟悉预制构件生产、钢筋加工生产的安全操作规程等。负责拟订相关安全规章制度、安全防护措施及应急预案等。

3）掌握预制构件生产工艺中相关专业知识和安全生产技术，监督相关安全规章制度的实施，参与相关应急预案的制订和审核。

4）当国家安全生产法律、法规、标准废止、修订或新颁布时，工艺、技术路线和装置设备发生变更时，当上级安全监督部门提出相关整改意见时，当分析重大事故和重复事故原因发现制度性缺陷时，应及时对安全管理制度进行修订补充。

5）针对不同班组、不同工种制定劳动保护用具的配置发放规定。

（2）安全计划与技术方案

1）对不同预制构件生产编制专项安全生产方案，特别是高大、超长、超重、异形预制构件。

2）熟悉安全生产方面新技术、新工艺、新材料和新设备的应用情况。

3）负责车间安全生产过程控制及相关文件的记录和管理工作。

4）建立预制构件安全生产台账并管理各类安全文件、资料及记录等档案。

（3）安全培训

1）负责构件生产、运输、存放，钢筋加工，混凝土搅拌运输，锅炉、起重机、叉车、电焊机等特种设备的安全管理，对设备使用人员进行安全教育培训和安全技术交底。

2）新进厂工人必须进行安全生产教育，填写教育记录并存档。上岗前，必须对员工进行该岗位安全操作培训，经考试合格后方可允许其独立操作。

3）转岗工人应进行新岗位的安全教育培训、安全技术交底、操作培训，并经考试合格才可允许其独立操作。

4）当安全生产制度修订时，或当出现重大安全事故后，应对全体工人再次进行安全教育培训，并进行考核。

（4）安全设施与防护用品

1）负责厂区内预制构件生产区域、钢筋加工生产区域、锅炉房、搅拌站、存放场地、配电房等安全防范部位和危险源安全警示标志的设置，对人行道路进行标识，并对施工操作人员讲解相关标志，明确安全操作方法。

2）针对不同班组、不同工种人员提供必要的安全条件和防护用品，并缴纳工伤等保险，监督劳保用品佩戴使用情况，抓好落实工作。

（5）定期安全检查消除安全隐患

1）根据生产进展情况，定期对预制构件生产线和钢筋加工生产设备，以及起重设备、运输机械、混凝土搅拌设备、锅炉蒸汽管道的安全装置、车间内的作业环境等进行安全大检查，及时消除生产事故隐患。

2）生产工人、生产班组长是安全生产的直接执行人和监管人，厂长是安全生产的第一责任人。

3）对工人安全培训内容进行检查，确保所有操作人员知晓所在岗位的安全防范重点。

4）生产作业时，巡查现场，及时发现和制止"三违"

行为，纠正和消除人、机、物及环境方面存在的不安全因素。在权限范围内对"三违"人员进行处罚或提出处罚建议。

5）当生产和安全发生矛盾时，生产要服从于安全；对于不听从劝阻的人员，应及时停止所在班组施工作业，并上报领导进行处理；对于发现安全隐患、避免工厂损失及积极处理的施工作业人员，应给予相应奖励。

6）重新开工生产前及作业完成后，应对生产设备的相关安全装置、作业环境进行检查，消除安全隐患。

（6）应急预案和事故的调查处理

1）保持工厂安全管理体系和安全信息系统的有效运行，对用电、用气、锅炉蒸汽、机械设备、起重设备、厂内车辆使用等，制定工厂施工生产安全事故的应急预案并组织演练。

2）及时排除危及人员和设备的险情，突遇重大险情时有权停止施工，并即时上报。发生人身伤亡事故要立即抢救，保护好现场，并立即依据组织管理规定向上级报告事故情况。参加本车间发生的各类事故的调查分析，督促防止事故的防范措施的落实。

3）对因工作失职而造成的伤亡事故承担责任。

4）事故的调查处理中应坚持"三不放过"原则：事故原因没查清，不放过；防范措施未落实，不放过；员工未受到教育或事故责任人未受到处理，不放过。

2.3 施工现场安全员岗位标准

本岗位标准是施工企业安全标准中关于装配式施工的补充内容。

（1）安全管理制度的编制与修订

1）学习贯彻国家标准关于装配式建筑安全施工的有关

规定。

2）与装配式施工有关的安全制度的编制、修改及完善，包括构件卸车、吊装、临时支撑架设，脚手架架设、灌浆作业的安全操作规程等。

3）对出现的紧急事故编制专项应急方案。

4）编制安全施工计划，安全管理的内业资料必须符合建设管理部门资料规定和公司文明施工各项管理资料的要求。

（2）安全计划与技术方案

1）编制装配式建筑施工的安全计划与技术方案，包括起重设备与吊索吊具检查计划、临时支撑架设方案、地锚锚固方案、吊装方案、随层灌浆方案、临时支撑拆除时间等。

2）全面负责监督实施施工组织设计中的安全措施，并负责向作业班组进行安全技术交底。

3）按时填写安全台账，做好事故分析记录及安全资料的管理工作。

（3）安全培训

1）对所有装配式环节施工作业人员进行上岗培训，包括起重机司机、吊装工、信号工、临时支撑安装工和灌浆工等。受训人员需要在培训登记薄上签字，培训合格后方可上岗作业，建立培训档案，记录培训的相关内容，并归档备查。

2）正确填报施工现场安全措施检查情况的安全生产报告，定期报送安全生产的情况和分析报告的意见；定期组织安全例会。

（4）安全设施与防护用品

1）检查施工现场安全设施等是否符合安全规定和标准。尤其对塔式起重机及附墙设施、吊具、吊装区域地面围档和警示、支撑体系、脚手架及后浇混凝土部位安全设施等的安全隐患，应及时提出整改措施，监督实施并对整改后的设施进行检查验收。

2）针对不同班组、不同工种人员提供必要的安全条件和防护用品，负责缴纳工伤等保险，监督劳保用品佩戴使用，抓好落实工作。

（5）定期安全检查消除安全隐患

1）在安全生产和文明施工检查中，发现事故隐患或违章指挥、违章作业时，有权停止施工作业，或勒令违章人员撤出现场，并及时向上级报告。在权限范围内对违章作业人员进行处罚或提出处罚建议。

2）对发现的事故隐患均应签发"安全生产隐患通知单"，隐患整改率必须达到100%；并对存在的隐患问题限期进行整改。如不能如期进行整改，将根据存在问题的具体情况依据公司的罚则及公司的责任追究制度做出相应的处理，并做好处罚记录，每月末将处理情况报公司安全管理部门。

3）安全生产管理人员对现场进行安全检查，对公司安全管理部门、总工办、建设管理部门等所开具的隐患通知单的问题，要及时逐一进行整改，并将整改回执（加盖项目章，并由项目领导签字）及隐患通知单复印件一并上报公司安全管理部门。

4）参加施工现场临时用电、大型机械和设备、高大异形脚手架、消防设备设施使用前的安装验收工作，定期对吊具、绳索、外挂架等进行检查、更换，要有验收记录。

5）负责对管辖范围内所有施工单位安全生产资质、施工主要管理人员和特种作业人员岗位资质的审核和备案工作，负责建立劳务、工程分包单位资质、主要管理人员和特种作业人员资质的管理台账。

（6）应急预案和事故的调查处理

1）对重点危险源应事先制定好应急预案并组织演练。

2）参加工伤事故的调查和处理，进行伤亡事故的分析统计和报告工作。

3）事故调查处理中应坚持"三不放过"原则：事故原因没查清，不放过；防范措施未落实，不放过；员工未受到教育或事故责任人未受到处理，不放过。

第3章 装配式混凝土建筑安全管理依据和规范

本章介绍装配式建筑行业标准和国家标准中关于安全作业的条文，对于一般建筑行业不予介绍，只介绍装配式构件设计、生产、安装时的安全规范，主要内容包括与安全管理有关的规范目录（3.1）和安全管理依据的规范条文（3.2）。

3.1 与安全管理有关的规范目录

（1）国家标准《装配式混凝土建筑技术标准》GB/T 51231—2016，简称《装标》

（2）行业标准《装配式混凝土结构技术规程》JGJ 1—2014

（3）国家标准《建筑施工高处作业安全技术规范》JGJ 80—2016

（4）国家标准《建筑施工安全技术统一规范》GB 50870—2013

（5）国家标准《建筑施工脚手架安全技术统一标准》GB 51210—2016

（6）国家标准《建设工程施工现场供用电安全规范》GB 50194—2014

（7）行业标准《建筑施工安全检查标准》JGJ 59—2011

（8）行业标准《建筑施工现场环境与卫生标准》JG 146—2013

（9）河南地方标准《装配整体式混凝土结构技术规程》DBJ41/T 154—2016

3.2 安全管理依据的规范条文

3.2.1 设计阶段安全规范条文

根据《装规》第 3.0.5 条，装配整体式结构设计应满足以下要求：

(1) 脱模起吊时，预制构件的混凝土立方体抗压强度应满足设计要求，且不应小于 15MPa。

(2) 节点和连接应同时满足使用和施工阶段的承载力、稳定性和变形的要求。在保证结构整体受力性能的前提下，应力求连接构造简单，传力直接，受力明确，所有构件承受的荷载和作用应有可靠的、传向基础的、连续的、传递路径。

(3) 吊装用吊具应按国家现行有关标准的规定进行设计、验算或试验检验。

吊具应该根据预制构件形状、尺寸及重量等参数进行配置，吊索水平夹角不宜小于 60°，且不应小于 45°；对尺寸较大或形状复杂的预制构件，宜采用有分配梁或分配桁架的吊具。

3.2.2 生产阶段安全规范条文

根据《装标》第 10.8.1 条，装配式混凝土建筑施工应执行国家、地方、行业和企业的安全生产法规和规章制度，落实各级各类人员的安全生产责任制。

3.2.3 安装阶段安全规范条文

1.《装标》相关安全条文

(1) 施工单位应根据工程施工特点对重大危险源进行分

析并予以公示，并制定相对应的安全生产应急预案。(10.8.2)

（2）施工单位应对从事预制构件吊装作业及相关人员进行安全培训与交底，识别预制构件进场、卸车、存放、吊装、就位各环节的作业风险，并制定相应防控措施。(10.8.3)

（3）安装作业开始前，应对安装作业区进行围护并做出明显的标识，拉警戒线，根据危险源级别安排旁站，严禁与安装作业无关的人员进入。(10.8.4)

（4）施工作业使用的专用吊具、吊索、定型工具式支撑、支架等，应进行安全验算，使用中进行定期、不定期检查，确保其处于安全状态。(10.8.5)

（5）吊装作业安全应符合下列规定。(10.8.6)

1）预制构件起吊后，应先将预制构件提升300mm左右后，停稳构件，检查钢丝绳、吊具和预制构件状态，确认吊具安全且构件平稳后，方可缓慢提升构件。

2）吊机吊装区域内，非作业人员严禁进入；吊运预制构件时，构件下方严禁站人，应待预制构件降落至距地面1m以内方准作业人员靠近，就位固定后方可脱钩。

3）高空应通过缆风绳改变预制构件方向，严禁在高空直接用手扶预制构件。

4）遇到雨、雪、雾天气，或者风力大于5级时，不得进行吊装作业。

（6）夹芯保温外墙板后浇混凝土连接节点区域的钢筋连接施工时，不得采用焊接连接。(10.8.7)

2. 《建筑施工高处作业安全技术规范》相关安全条文

在装配式建筑中，由于高层建筑的模具利用率高，经济效益也高，所以高层建筑在装配式建筑中应用非常广泛。根据《建筑施工高处作业安全技术规范》JGJ 80—2016 的要求，装配式安装应同时满足：

（1）高处作业施工前，应按类别对安全防护设施进行检查、验收，验收合格后方可进行作业，并应做验收记录。验收可分层或分阶段进行。(3.0.2)

（2）应根据要求将各类安全警示标志悬挂于施工现场各相应部位，夜间应设红灯警示。高处作业施工前，应检查高处作业的安全标志、工具、仪表、电气设施和设备，确认其完好后，方可进行施工。(3.0.4)

（3）高处作业人员应根据作业的实际情况配备相应的高处作业安全防护用品，并应按规定正确佩戴和使用相应的安全防护用品、用具。(3.0.5)

（4）对施工作业现场可能坠落的物料，应及时拆除或采取固定措施。高处作业所用的物料应堆放平稳，不得妨碍通行和装卸。工具应随手放入工具袋；作业中的走道、通道板和登高用具，应随时清理干净；拆卸下的物料及余料和废料应及时清理运走，不得随意放置或向下丢弃。传递物料时不得抛掷。(3.0.6)

（5）在雨、霜、雾、雪等天气进行高处作业时，应采取防滑、防冻和防雷措施，并应及时清除作业面上的水、冰、雪、霜。当遇有 6 级及以上强风、浓雾、沙尘暴等恶劣气候，不得进行露天攀登与悬空高处作业。雨雪天气后，应对高处作业安全设施进行检查，当发现有松动、变形、损坏或脱落等现象时，应立即修理完善，维修合格后方可使用。(3.0.8)

（6）坠落高度基准面 2m 及以上进行临边作业时，应在临空一侧设置防护栏杆，并应采用密目式安全立网或工具式栏板封闭。(4.1.1)

（7）洞口作业时，应采取防坠落措施，并应符合下列规定：（4.2.1）

1）当竖向洞口短边边长小于 500mm 时，应采取封堵措施；当垂直洞口短边边长大于或等于 500mm 时，应在临空一侧设置高度不小于 1.2m 的防护栏杆，并应采用密目式安全立网或工具式栏板封闭，设置挡脚板。

2）当非竖向洞口短边边长为 250～500mm 时，应采用承载力满足使用要求的盖板覆盖，盖板四周搁置应均衡，且应防止盖板移位。

3）当非竖向洞口短边边长为 500～1500mm 时，应采用盖板覆盖或防护栏杆等措施，并应固定牢固。

4）当非竖向洞口短边边长大于或等于 1500mm 时，应在洞口作业侧设置高度不小于 1.2m 的防护栏杆，洞口应采用安全平网封闭。

（8）严禁在未固定、无防护设施的构件及管道上进行作业或通行。（5.2.3）

（9）悬挑式操作平台设置应符合下列规定。（6.4.1）

1）操作平台的搁置点、拉结点、支撑点应设置在稳定的主体结构上，且应可靠连接。

2）严禁将操作平台设置在临时设施上。

3）操作平台的结构应稳定可靠，承载力应符合设计要求。

（10）采用平网防护时，严禁使用密目式安全立网代替平网使用。（8.1.2）

3. 其他标准中与安全有关的条文

行业标准及地方标准中与装配式建筑安全相关的条文较少，这里仅收录了当前引用较多的河南省地方标准《装配整体式混凝土结构技术规程》DBJ41/T 154—2016 中的相关要求。

（1）预制结构施工过程中应按照国家现行标准《建筑施工安全检查标准》JGJ59 和《建筑施工现场环境与卫生标准》JG146 等安全、职业健康和环境保护的有关规定执行。（15.1.1）

（2）施工现场临时用电的安全应符合国家现行标准《施工现场临时用电安全技术规范》JGJ46 和施工用电专项方案的规定。（15.1.2）

（3）预制结构在绑扎柱、墙钢筋，应采用专用高凳作业，当高于围挡时，应佩戴安全带并与防坠器配套使用。（15.1.3）

（4）吊运预制构件前，应编制详细的吊装方案。吊装方案内需明确构件堆放场地。从构件堆放场地吊运至建筑物该区段内吊机回转半径下应设警戒线，非作业人员严禁入内，以防坠物伤人。为防止建筑物操作层施工时有杂物坠落伤人，需在建筑施工周围 5～10m 范围内设置警戒线，非作业人员严禁入内。（15.1.4）

（5）吊装工和吊装指挥须持证上岗并具备相应吊装经验。吊运预制构件时，构件下方禁止站人，应待吊物降落至离地 1m 以内方准靠近，就位固定后方可脱钩。（15.1.5）

（6）高空作业吊装时，严禁攀爬柱、墙的钢筋，也不得在构件墙顶面上行走。（15.1.6）

（7）预制外墙板吊装就位并固定牢固后方可进行脱钩，脱钩人员应使用专用梯子并系好安全带在楼层内操作。（15.1.7）

（8）当构件吊至操作层时，操作人员应在楼层内用专用

钩子将构件上系扣的缆风绳勾至楼层内，然后将外墙板拉到就位位置。(15.1.8)

(9) 预制构件吊装应单件（块）逐块安装，起吊钢丝绳长短一致，两端严禁倾斜。(15.1.9)

(10) 遇到雨、雪、雾天气，或者风力大于 5 级时，不得吊装预制构件。(15.1.10)

(11) 安全防护采用工具式围挡时，可不搭设外墙脚手架。楼层围挡高度不应低于 1.2m，阳台围挡不应低于 1.1m。(15.1.11)

(12) 工具式围挡应与结构层有可靠连接，满足安全防护措施。(15.1.12)

(13) 工具式围挡由直径 48mm 的钢管及扣件组成。工具式围挡高度不低于 1200mm，设横杆三道，立杆间距不大于 2500m，第一排横杆距楼地面 200mm，第二排距第一排，第三排距第二排横杆间距均为 500mm。横杆与立杆用直角扣件相连，立杆锚入叠合梁深度不少于 300mm。(15.1.13)

(14) 工具式围挡固定在叠合梁上时，围挡在外墙板吊装时可一直保留，外墙板吊装完毕形成封闭的围护结构后再将围挡拆除；施工楼层的叠合梁吊装就位并浇筑完剪力墙、柱混凝土后应及时安装上一层的工具式围挡。(15.1.14)

第4章 与安全有关的设计环节

本章介绍与安全有关的设计概述（4.1）、构件吊点设计（4.2）、构件预埋件设计（4.3）、构件支撑体系设计（4.4）及夹芯保温板拉结件设计与要求（4.5）。

4.1 与安全有关的设计概述

根据装配式混凝土建筑建造的特点，在预制构件生产加工与施工安装阶段采用的与安全有关的施工措施、埋件、工装等内容，都需要构件工厂或施工单位在深化设计阶段前与设计单位协同，提供资料和提出具体要求，确保这些与安全有关的设计落实到位。

4.1.1 概述

与安全有关的设计环节主要包括吊点、预埋件、支撑体系、拉结件等，涉及的形式类别与预制构件详见表4-1所示。

表4-1 与安全有关的预制构件设计要点

名称		与安全有关的主要内容
吊点	类别	脱模吊点、吊运吊点、翻转吊点、安装吊点
	应用	预制楼板、预制梁、预制柱、预制楼梯、夹芯保温墙板、阳台板、挑檐板、雨篷板、空调板、遮阳板
预埋件	类别	预埋钢板、预埋内置螺母
	应用	脚手架、塔式起重机、电梯、后浇混凝土模板、悬挂设施

名称		与安全有关的主要内容
支撑体系	类别	斜支撑、竖向支撑、支撑牛腿
	应用	柱子、剪力墙、楼板、梁、悬挑构件、异形构件
拉结件	类别	金属拉结件、非金属拉结件
	应用	夹芯保温构件、后浇混凝土的预制保温外叶板

4.1.2 与安全有关的提资清单和设计图纸

装配式建筑在深化设计阶段需要综合考虑构件制作、运输、施工安装各环节的安全设施的要求、荷载和预埋件等，为此，构件厂和施工单位应当向设计者提供有关资料。

（1）构件厂提资清单包括脱模方式、翻转方式、车间起重能力、存放方式（竖向还是水平）、装车及运输方式等。

（2）施工单位提资清单包括塔式起重机附墙位置、人货电梯附墙位置、模板对拉螺栓位置、塔式起重机吊装能力、斜支撑预埋位置、脚手架留洞与预埋件位置等。

深化设计图纸情况见表4-2。构件厂与施工单位应严格按照图纸对预制构件进行检查与验收。

表4-2 涉及安全的深化设计图纸情况

图纸类型	用途	使用方	安全员关注程度
总说明平立剖面图	预制构件位置、名称及立面节点构造	构件厂施工单位	重点关注

（续）

图纸类型	用途	使用方	安全员关注程度
预制构件装配图	构件在节点处相互关系碰撞检验	施工单位	关注
预埋件图	预制构件和施工现场预埋件	构件厂施工单位	重点关注
预制构件图	构件尺寸、配筋及埋件位置数量	构件厂	重点关注

4.2 构件吊点设计

装配式混凝土结构预制构件的吊点设计不仅包括构件生产运输过程翻转吊点、脱模吊点及驳运吊点等，而且包括施工安装过程中的吊运吊点和安装吊点等，各类吊点安全高效合理的设计是确保装配式混凝土结构施工安全的关键。

4.2.1 构件吊点类型

1. 吊点比较

吊点有预埋螺栓、吊钉、钢筋吊环、预埋钢丝绳索和尼龙绳索等。

（1）内埋式螺母是最常用的脱模吊点，埋置方便，使用方便，没有外探，可作为临时吊点，不需要切割。

（2）吊钉最大的特点是施工非常便捷，埋置方便，不需要切割，但混凝土局部需要内凹。

（3）预埋钢筋吊环受力明确，吊钩作业方便，但需要切割。

（4）预埋钢丝绳索在混凝土内锚固可以灵活，在配筋较密的梁中使用比较方便。

（5）小型构件脱模可以预埋尼龙绳，切割方便。

2. 吊点设置原则

吊点位置的设计须考虑以下 4 个主要因素。

（1）受力合理。

（2）重心平衡。

（3）与钢筋和其他预埋件互不干扰。

（4）制作与安装便利。

4.2.2 构件吊点布置

1. 预制楼板吊点设置

预制楼板不用翻转，脱模吊点、安装吊点与吊运吊点为共用吊点。

（1）有桁架筋的叠合楼板和有架立筋的预应力叠合楼板脱模时的吊点和吊运与安装时的吊点为同一吊点，但不是专门设置的吊点，而是借用桁架筋、架立筋多点布置，如图 4-1 所示。

（2）无桁架筋的叠合楼板和预应力叠合楼板的脱模、安装吊运吊点为专门埋置的吊点，采用钢筋吊环或者预埋螺母。

参照国家标准图集 15G366-1《桁架钢筋混凝土叠合楼板》，跨度在 3.9m 以下、宽 2.4m

图 4-1　带桁架筋叠合板以桁架筋的架立筋为吊点

以下的板，应设置 4 个吊点；跨度为 4.2 ~ 6.0m、宽 2.4m 以下的板，应设置 6 个吊点。

2. 预制梁吊点布置

预制梁的吊点需要专门埋设，可以埋设螺母，较重的预制梁可以埋设钢筋吊环（图 4-2）或钢丝绳吊环。

图 4-2　叠合梁钢丝绳吊环

3. 预制柱吊点布置

预制柱的吊点包括脱模吊点、吊运吊点、翻转吊点、安装吊点。预制柱的脱模吊点和吊运吊点可以共用；预制柱的翻转吊点和安装吊点可以共用。

（1）预制柱的脱模吊点

预制柱需要专门设置的脱模吊点，常用的脱模吊点有内埋式螺母（图 4-3）、预埋钢筋吊

图 4-3　内埋式螺母

环（图 4-4）、预埋钢
丝绳索、预埋尼龙绳
索等。

（2）预制柱的翻转
吊点

柱子多为"平躺"
制作，其存放、运输状
态也为平躺状态，吊装
时则需要翻转 90° 立起
来，此种情况下须验算
翻转工作状态的承载

图 4-4　预埋钢筋吊环

力，预制柱翻转吊点一般为预埋螺母。

（3）预制柱的吊运吊点

预制柱的吊运吊点与脱模吊点共用。

（4）预制柱的安装吊点

安装吊点是预制构件安装时用的吊点。预制柱的安装吊
点与翻转吊点共用。

4. 预制墙板吊点设置

（1）预制墙板的脱模吊点

在固定模台和没有自动翻转台的流水线上生产的预制墙
板，需要专门设置脱模吊点，常用的脱模吊点有内埋式螺母、
预埋钢筋吊环、预埋钢丝绳索、预埋尼龙绳索等。

（2）预制墙板的翻转吊点

"平躺"制作的墙板脱模后或需要翻转 90° 立起来，或需
要翻转 180° 将表面朝上。流水线上有自动翻转台时，不需要
设置翻转吊点；在固定模台或流水线没有翻转平台时，需设
置翻转吊点，并验算翻转工作状态的承载力。

无自动翻转台时，构件翻转作业方式有两种：软带捆绑式（图4-5）和预埋吊点式（图4-6）。软带捆绑式在设计中须确定软带捆绑位置，据此进行承载力验算。预埋吊点式需要设计吊点位置与构造，进行承载力验算。

图4-5　软带捆绑式翻转

图4-6　设置在板边的预埋螺母

板式构件的翻转吊点一般为预埋螺母，设置在构件边侧。只翻转90°立起来的构件，可以与安装吊点兼用；需要翻转180°的构件，需要在两个边侧设置吊点（图4-7）。

（3）预制墙板的吊运吊点

预制墙板的吊运吊点或与脱模吊点共用，或与翻转节点共用，或与安装节点共用。在进行脱模、翻转和安装节点的荷载分析时，应判断这些节点是否兼作吊运吊点。

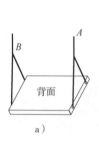

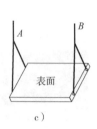

a)

b)

c)

图 4-7 翻转示意图

a）构件背面朝上，两个侧边有翻转吊点，A 吊钩吊起，B 吊钩随从

b）构件立起，A 吊钩承载

c）B 吊钩承载，A 吊钩随从，构件表面朝上

（4）预制墙板的安装吊点

预制墙板的安装吊点为专门设置的安装吊点。预制墙板吊点有预埋螺母（图 4-8）、预埋吊钉（图 4-9）和钢丝绳吊环等。

图 4-8　H 形墙板预埋螺母吊点

图 4-9　预埋吊钉示意图

5. 预制楼梯吊点设置

（1）预制楼梯的脱模吊点

立模生产和平模生产以及没有自动翻转台的流水线上生产的预制楼梯，需要专门设置的脱模吊点，脱模吊点和翻转吊点共用。常用的脱模吊点有内埋式螺母，如图 4-3 所示。

（2）预制楼梯的翻转吊点

楼梯在修补、存放过程一般是楼梯面朝上，需要 180° 翻转，翻转吊点设在楼梯板侧边，可兼作吊运吊点。立模生产的预制楼梯需要在一侧设置翻转吊点；平模生产的预制楼梯需要在两侧设置翻转吊点，如图 4-10 所示。

图 4-10 设置在楼梯侧面的脱模翻转吊点

（3）预制楼梯的吊运、安装吊点

预制楼梯的吊运吊点和安装吊点共用，如图 4-11 所示。

图 4-11 设置在楼梯表面的安装吊点和楼梯吊装情况

6. 夹芯保温墙板、阳台板、挑檐板、雨篷板、空调板、遮阳板等吊点布置

（1）叠合阳台板、空调板、雨篷板、挑檐板、遮阳板等构件不用翻转，安装吊点、脱模吊点与吊运吊点为共用吊点。吊点数量和间距根据板的厚度、长度和宽度通过计算确定。

（2）叠合阳台板、空调板、雨篷板、挑檐板、遮阳板等构件一般采用平模制作，安装吊点设置在表面。不规则尺寸的预制构件需要进行重心计算，根据重心布置吊点。

（3）小型板式构件可以用软带捆绑翻转、吊运和安装，设计图纸须给出软带捆绑的位置和说明。曾经有某预制墙板工程因工地捆绑吊运位置不当而导致墙板断裂的例子，所以，务必要引起施工人员的重视，如图4-12所示。

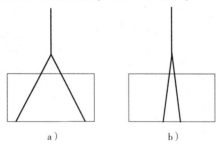

a）　　　　　　　　　　b）

图4-12　软带捆绑位置靠里导致墙板断裂示意
a）正确　b）错误

（4）阳台板、空调板、雨篷板等预制构件需要预留孔洞和吊点、栏杆等预埋件。

（5）夹芯保温墙板的吊点要求避免墙板偏心，异形墙板、门窗位置偏心的墙板和夹芯保温墙板等，需要根据重心计算布置安装吊点，详见4.1.2节中的墙板吊点计算。

4.2.3　构件吊点设计

1. 预制构件设计规定

（1）《装规》第 6.2.2 条规定，预制构件在翻转、运输、吊运、安装等短暂设计状况下的施工验算，应将构件自重标准值乘以动力系数后作为等效静力荷载标准值。构件运输、吊运时，动力系数宜取 1.5；构件翻转及安装过程中就位、临时固定时，动力系数可取 1.2。

（2）《装规》第 6.2.3 条规定，预制构件进行脱模验算时，等效静力荷载标准值应取构件自重标准值乘以动力系数后与脱模吸附力之和，且不宜小于构件自重标准值的 1.5 倍。动力系数与脱模吸附力应符合下列规定：

1）动力系数不宜小于 1.2。

2）脱模吸附力应根据构件和模具的实际状况取用，且不宜小于 $1.5kN/m^2$。

3）用于固定连接件的预埋件与预埋吊件、临时支撑用预埋件不宜兼用；当兼用时，应同时满足各种设计工况要求。预制构件中预埋件的验算应符合现行国家标准《混凝土结构设计规范》（以后简称《混规》）《钢结构设计标准》GB50017 和《混凝土结构工程施工规范》GB50666 等有关规定。

2. 预制楼板吊点结构计算

预制楼板吊点的数量和间距应根据板的厚度、长度和宽度通过计算确定。在进行吊点结构验算时，不同工作状态混凝土强度等级的取值不一样。

（1）脱模和翻转吊点验算：取脱模时混凝土达到的强度，或按 C15 混凝土计算。

（2）吊运和安装吊点验算：取设计混凝土强度等级的70%计算。

4个吊点（图4-13）的预制楼板可按简支板计算；6个以上吊点的预制楼板计算可按无梁板，用等代梁经验系数法转换为连续梁计算。

图4-13　楼板吊装

3. 预制梁吊点计算

预制梁吊点数量和间距根据梁断面尺寸和长度，通过计算确定。与预制柱脱模时的情况一样，预制梁的吊点也宜适当多设置。

（1）吊点距梁端距离应根据梁的高度和负弯矩筋配置情况经过验算确定，且不宜大于梁长的1/4。吊点布置如图4-14所示。

（2）梁只有两个（或两组）吊点时，按照带悬臂的简支梁计

图4-14　预制梁的吊点布置

算；多个吊点时，按带悬臂的多跨连续梁计算。位置与计算简图与柱脱模吊点相同，如图4-15所示。

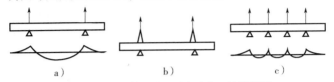

图4-15 柱脱模和吊运吊点及位置计算简图

a）2个吊点 b）两组吊点 c）4个吊点

（3）梁的平面形状或断面形状为非规则形状（图4-16），吊点位置应通过重心平衡计算确定。

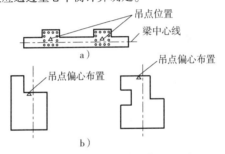

图4-16 吊点偏心布置

a）连续梁吊点偏心布置 b）异形梁吊点偏心布置

4. 预制柱吊点计算

（1）安装吊点和翻转吊点

预制柱安装吊点和翻转吊点共用，设在柱子顶部。断面大的柱子一般设置4个（图4-17）吊点，也可设置3个吊点。断面小的柱子可设置2个或者1个吊点。如沈阳南科大厦边长1300mm的柱子就设置了3个吊点；边长700mm的柱子设置了2个吊点。

柱子安装过程计算简图为受拉构件；柱子从平放到立起

来的翻转过程中，计算简图相当于两端支撑的简支梁，见图4-18。

（2）脱模吊点和吊运吊点

除了要求四面光洁的清水混凝土柱子是立模制作外，绝大多数柱子都是在模台上"平躺"制作，存放、运输也是平放，柱子脱模和

图4-17　预制柱子安装吊点

吊运共用吊点，设置在柱子侧面，采用内埋式螺母，便于封堵，痕迹小。

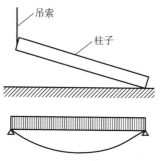

图4-18　柱子安装、翻转计算简图

柱子脱模吊点的数量和间距根据柱子断面尺寸和长度通过计算确定。由于脱模时混凝土强度较低，吊点可以适当多设置，不仅对防止混凝土裂缝有利，也会减弱吊点处的应力集中。

两个或两组吊点时（图4-15a、b），柱子脱模和吊运按

带悬臂的简支梁计算；多个吊点时（图4-15c），可按带悬臂的多跨连续梁计算。

5. 预制墙板吊点计算

（1）有翻转台翻转的墙板

有翻转台翻转的墙板，脱模、翻转、吊运、安装吊点共用，可在墙板上边设立吊点，也可以在墙板侧边设立吊点。一般设置2个，也可以设置两组，以减小吊点部位的应力集中（图4-19）。

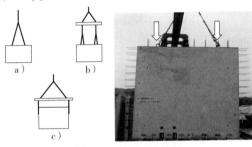

图4-19 墙板吊点布置

（2）无翻转台翻转的墙板（非立模）

无翻转台翻转的墙板，脱模、翻转和安装节点都需要设置。脱模节点在板的背面，设置4个（图4-20）；安装节点与吊运节点共用，与有翻转台的墙板的安装节点一样；翻转节点则需要在墙板底边设置，对应

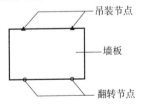

图4-20 墙板脱模节点位置

安装节点的位置。

（3）避免墙板偏心

异形墙板、门窗位置偏心的墙板和夹芯保温墙板等，需

要根据重心计算布置安装节点见图4-21。

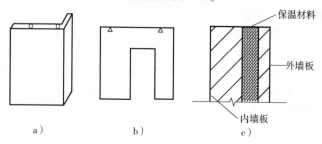

图4-21 不规则墙板吊点布置

a）L形板 b）门窗偏心板 c）夹芯保温板

（4）计算简图

墙板在竖直吊运和安装环节因截面刚度很大，故一般不需要验算。

需要翻转和水平吊运的墙板按4点简支板计算。

6. 预制楼梯吊点计算

（1）非板式楼梯的重心

带梁楼梯和带平台板的折板楼梯在吊点布置时需要进行重心计算，根据重心布置吊点。

（2）楼梯吊点布置计算简图

楼梯水平吊装计算简图为4点支撑板。

4.2.4 构件吊点节点构造

1. 预制楼板吊点锚固

有桁架筋的叠合楼板和有架立筋的预应力叠合楼板，用桁架筋作为吊点。国家标准图集在吊点两侧横担设2根长280mm的HRB400级钢筋，垂直于桁架筋。

2. 其他构件吊点锚固

（1）较重构件的吊点宜增加构造钢筋，也可布置双吊点。

（2）脱模吊点、吊运吊点和安装吊点的受力主要是受拉，但翻转吊点既受拉又受剪，对混凝土还有劈裂作用。翻转吊点宜增加构造钢筋，见图4-22。

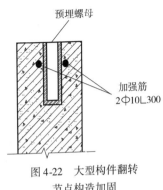

图4-22　大型构件翻转节点构造加固

4.3　构件预埋件设计

预制构件中除了预埋吊点外，还有其他多种预埋件。其中预制构件临时支撑系统所用到的预埋件，施工机械等附着在预制构件上的预埋件等对于现场施工安全有较大影响，需要进行合理布置并计算。

4.3.1　构件预埋件种类

现有预制构件中预埋件主要分为两种：一种为板式预埋件，一种为预埋螺母。板式预埋件主要用于施工机械设备的附着，需要进行后续焊接施工；预埋螺母主要用于临时支撑，部分用于施工机械的附着等，同时配合对应螺栓进行后续安装作业。

4.3.2　构件预埋件设计

1. 钢板预埋件设计

脚手架、塔式起重机、后浇混凝土模板、物体悬挂等施工设施或机械，为保证其安全稳定工作，须附着在主体结构上。在装配式建筑中，需要在构件中加入预埋件，以便于现场安装使用。

这里所说的预埋件是指预埋钢板和附带螺栓的预埋钢板。预埋钢板又叫作锚板，焊接在锚板上的锚固钢筋叫作锚筋，见图4-23。

图 4-23　预埋件

（1）设计依据

预埋件设计应符合现行《装规》《混规》和《钢结构设计标准》等有关规定。

（2）关于预埋件兼用

《装规》要求：用于固定连接件的预埋件与预埋吊件、临时支撑用预埋件不宜兼用；当兼用时，应同时满足各种设计工况的要求。

（3）锚板

受力预埋件的锚板宜采用 Q235、Q345 级钢，锚板厚度应根据受力情况计算确定，且不宜小于锚筋直径的 60%。

（4）锚筋

受力预埋件的锚筋应采用 HRB400 或 HPB300 钢筋，不应采用冷加工钢筋。

（5）锚板与锚筋的焊接

直锚筋与锚板应采用 T 形焊接。当锚筋直径不大于 20mm 时宜采用压力埋弧焊；当锚筋直径大于 20mm 时宜采用穿孔塞焊。

当采用手工焊时，焊缝高度不宜小于 6mm，且对 HPB300 钢筋不宜小于 $0.5d$，对其他钢筋不宜小于 $0.6d$，d 为锚筋直径。

（6）直锚筋预埋件锚筋总面积

直锚筋预埋件锚筋的示意如图 4-24 所示。

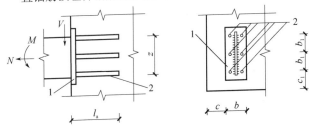

图 4-24 由锚板和直筋组成的预埋件（《混规》图 9.7.2）

1—锚板 2—直锚筋

（7）弯折锚筋与直锚筋预埋件总面积

由锚板和对称配置的弯折锚筋及直锚筋共同承受剪力的预埋件如图 4-25 所示。

（8）锚筋布置

预埋件锚筋中心至锚板边缘的距离不应小于 $2d$（d 为锚筋直径，下同）和 20mm。

1）预埋件的位置应使锚

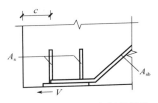

图 4-25 由锚板和弯折锚筋及直锚筋组成的预埋件（《混规》图 9.7.3）

筋位于构件的外层主筋的内侧。

2）预埋件的受力直锚筋直径不宜小于 8mm，且不宜大于 25mm。

3）直锚筋数量不宜少于 4 根，且不宜多余 4 排。

4）受剪预埋件的直锚筋可采用 2 根。

5）对受拉受弯预埋件（图 4-24），其锚筋的间距 b、b_1 和锚筋至构件边缘的距离 c、c_1，均不应小于 $3d$ 和 45mm。

6）对受剪预埋件（图 4-24），其锚筋的间距 b、b_1，不应大于 300mm，b_1 不应小于 $6d$ 和 70mm；锚筋至构件边缘的距离 c_1 不应小于 $6d$ 和 70mm；b、c 均不应小于 $3d$ 和 45mm。

（9）锚筋锚固长度

1）受拉直锚筋和弯折锚筋的锚固长度按 4.5 节规定计算。

2）当锚筋采用 HPB300 级钢筋时末端还应有弯钩。

3）当无法满足锚固长度要求时，应采用其他有效的锚固措施。

4）受剪和受压直锚筋的锚固长度不应小于 $15d$。

（10）带螺栓的预埋件

附带螺栓的预埋件有两种组合方式。第一种是在锚板表面焊接螺栓；第二种是螺栓从钢板内侧穿出，在内侧与钢板焊接，见图 4-26。第二种方法在日本应用较多。

2. 内埋式螺母

现行国家标准《混规》中要求：预制构件宜采用内埋式

图 4-26　附带螺栓的预埋钢板

螺母和内埋式吊杆等，如图 4-27 所示。

内埋式螺母对预制构件而言确实有优点，制作时模具不用穿孔，运输、堆放、安装过程不会挂碰等。

内埋式螺母由专业厂家制作，其在混凝土中的锚固可靠性由试验确定。

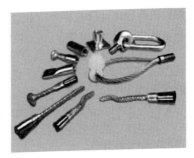

图 4-27 内埋式螺母及吊具

内埋式螺母所对应的螺栓在荷载的作用下破坏，但螺母不会被拔出或周围混凝土不应被破坏。

内埋式螺母设计主要是选择可靠的产品，并要求预制构件厂家在使用前进行试验。预制构件中内埋式螺母附近没有钢筋时，构件脱模后有可能在螺母处出现裂缝，这是由混凝土收缩或温度变化较快在螺母附近形成的应力集中造成的，为预防这种情况，内埋式螺母附近可增加构造钢筋或钢丝网，见图 4-28。

（1）内埋螺栓设计

内埋式螺栓是预埋在混凝土内的螺栓，或直接埋设满足锚固长度要求的长镀锌螺杆；或在螺栓端部焊接锚固钢筋。当采用焊接方式时，应选用与螺栓和钢筋适配的焊条。

预制装配式建筑用到的螺栓包括楼梯和外挂墙板安装用的螺栓，宜选用高强度螺栓或不锈钢螺栓。高强度

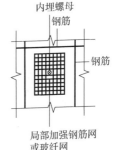

图 4-28 内埋式螺母增加钢筋网或玻纤网

螺栓应符合现行行业标准《钢结构高强度螺栓连接技术规程》JGJ82—2011 的要求。

内埋式螺栓的锚固长度，受剪和受压螺栓的锚固长度不应小于 15d，d 为锚筋的直径。受拉和弯折螺栓的锚固长度应符合设计文件及相关规范的要求。

（2）受拉直锚筋和弯折锚筋的锚固长度

预埋件、预埋螺栓的受拉直锚筋和弯折锚筋按照受拉钢筋的锚固长度计算。

4.3.3 构件预埋件常见构造措施

1. 预埋件锚固

（1）锚板锚固，如图 4-29 所示。

图 4-29 锚板锚固

（2）钢筋弯折锚固，如图 4-30 所示。

图 4-30 锚板锚固

（3）机械焊接锚固，如图 4-31 所示。

图 4-31　机械焊接锚固

（4）穿筋锚固，如图 4-32 所示。

图 4-32　穿筋锚固

2. 预埋件部位加强

（1）预埋件的破坏形态

1）预埋件受拉破坏。预埋件受拉破坏有预埋件本身受拉破坏和受拉混凝土锥形破坏两种形式，见图 4-33。

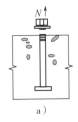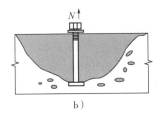

图 4-33　预埋件受拉破坏
a）螺杆受拉破坏　b）混凝土锥形破坏

2）预埋件受剪破坏。预埋件受剪破坏有预埋件本身受剪破坏和受拉混凝土受剪破坏两种形式，见图 4-34。

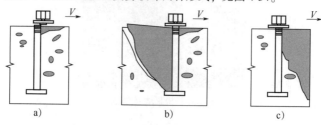

图 4-34 预埋件受剪破坏
a）螺杆受剪破坏 b）混凝土剪翘破坏 c）混凝土劈裂破坏

3）温度破坏。预埋件周围混凝土由于温度剧烈变化产生的裂缝破坏，见图 4-35。

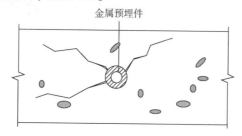

图 4-35 温度破坏

（2）预埋件的加强方案

加强钢筋的作用就是防止混凝土的锥形或劈裂等破坏，因此加强钢筋或金属网片要穿过混凝土可能发生破坏的区域。加强钢筋可以横向布置通过破坏区域，见图 4-36a；加强钢筋可以竖向布置通过破坏区域，见图 4-36b；对于温度裂缝可以在开裂区域满铺金属网片，见图 4-36c。这些方式都能加强预埋件区域混凝土，从而加强预埋件。

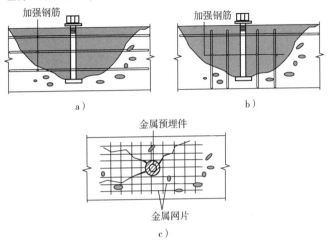

图 4-36　预埋件的加强方案

a）横向钢筋加强　b）纵向钢筋加强　c）金属网片加强

4.4　构件支撑体系设计

　　构件临时支撑体系在构件安装时起到临时固定作用，待灌浆或后浇部位完成，拼缝有可靠连接之后方可拆除。临时支撑体系需要有足够的强度，设置在构件的合适位置，既能够固定构件，又要减少施工安装阶段的构件变形，保证施工安全。

4.4.1　构件支撑体系类型

　　常用临时支撑体系类型见表 4-3。

表 4-3 预制构件安装时支撑体系一览表

构件类别	构件名称	支撑方式	示意图	计算荷载	支承点位置	支撑预埋件				
						构件		预埋件		现浇
						位置	构造	位置	构造	构造
竖向构件	柱子	斜支撑、双向		风荷载	支承点位置:大于1/2,小于2/3构件高度	柱两个支撑面(侧面)	预埋式螺母	现浇混凝土楼面		不用
	剪力墙板	斜支撑、单向		风荷载	上部支承点位置:大于1/2且小于2/3构件高度 下部支承点位置:1/4构件高度附近	墙板内侧面	预埋式螺母	现浇混凝土楼面	不用	
水平构件	楼板	竖向支撑		自重荷载+施工荷载	两端距离500mm处各设一道支撑+跨内支撑(轴跨L<4.8m时一道,轴跨4.8m≤L<6m时两道)	不用	不用	不用	不用	

（续）

构件类别	构件名称	支撑方式	示意图	计算荷载	支撑点位置	支撑预埋件				现浇	
						构件		预埋件			
						位置	构造	位置	构造	位置	构造
水平构件	楼板、梁	端支撑		自重荷载＋施工荷载	支撑点在两端支撑的柱或墙，跨中位置根据情况增设一道或两道竖向支撑	相对两个柱、墙构件	预埋式螺母	不用		不用	
	梁	竖向支撑或斜支撑		自重荷载＋风荷载＋施工荷载	两端各 1/4 构件长度处；构件长度大于 8m 时，跨内根据情况增设一道或两道支撑	梁侧支撑面	不用	不用		不用	

构件类别	构件名称	支撑方式	示意图	计算荷载	支撑点位置	支撑预埋件			
						构件		现浇	
						位置	构造	位置	构造
水平构件	悬挑式构件	竖向支撑		自重荷载+施工荷载	距离悬挑端及支座处300~500mm距离各设置一道,垂直悬挑方向支撑间距宜为1~1.5m,板式悬挑构件下支撑数最小不得少于4个。特殊情况应另行计算复核后设置支撑	不用	不用	不用	不用
异形构件	一	根据构件形状、重心进行设计	略	风荷载、自重荷载	根据实际情况计算	不用	不用	不用	不用

4.4.2 构件支撑体系构造

1. 竖向构件斜支撑方案构造

竖向预制构件在安装后需对其垂直度进行调整，柱子在柱脚位置调整完成后，要对柱的 X 和 Y 两个方向进行垂直调整；墙板要对墙面的垂直度进行调整；调整竖向构件垂直度的方法通常采用可调斜支撑的方式，设计要满足以下几点：

（1）对于层高超过 4m 或跨层的预制构件，应对斜支撑进行专项设计。

（2）支撑上支点一般设在构件高度的 2/3 处。

（3）支撑在地面上的支点，根据工程现场实际情况，使斜支撑与地面的水平夹角保持在 45°至 60°之间。

（4）斜支撑应设计成长度可调节方式。

（5）每个预制柱斜支撑不少于两个，且须在相邻两个面上支设，如图 4-37 所示。

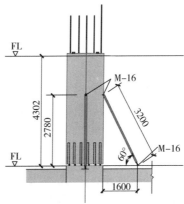

图 4-37　柱斜支撑

（6）每块预制墙板的斜支撑应设两个并上下两道，如图4-38所示。

（7）预制构件上的支撑点，应在确定方案后提供给构件生产厂家，预埋入构件中。

（8）地面或楼面上的支撑点，应在叠合层浇筑时预埋，如图4-39、图4-40所示。

图4-38　墙斜支撑图　　　　图4-39　叠合层预埋支撑点

（9）加工制作斜支撑的钢管宜采用无缝钢管，要有足够的刚性强度。

（10）制作斜支撑的钢管的直径、丝杆的直径在选择时须取得当地的最大风速强度，结合支撑预制构件的断面面积来计算预制构件在最大风压下的侧向力，以2

图4-40　叠合层上的预埋件

倍系数值选择钢管和丝杆。

2. 水平构件支撑系统构造

水平构件在安装前应对构件的支撑进行设计，并对荷载进行计算。

（1）水平构件主要包括：框架梁、剪力墙结构的连梁、叠合楼板、阳台板、挑檐板、空调台、楼梯休息平台等。

（2）竖向支撑在设计时要考虑构件自身的重量，还要考虑后浇混凝土的重量、施工活动荷载，如图4-41、图4-42所示。

图4-41　叠合楼板支撑体系　　　图4-42　阳台板支撑体系

（3）高大框架梁的竖向支撑设计时还要考虑风荷载，并要增加斜支撑，如图4-43所示。

（4）竖向支撑的设计，必须考虑支撑的刚性强度，要有专业厂家或设计人员进行强度计算；还要考虑整体稳

图4-43　框架梁支撑体系

定性。

（5）竖向支撑应由设计方给出支撑点位置，如设计图上无支撑点要求时，承包方应编制支撑方案报设计批准后方可实施。

4.4.3 构件支撑体系拆除要点

（1）行业标准《装规》中的要求

1）构件连接部位后浇混凝土及灌浆料的强度达到设计要求后，方可拆除临时固定措施。

2）叠合构件在后浇混凝土强度达到设计要求后，方可拆除临时支撑。

（2）几点建议

1）国家标准和行业标准对临时支撑的拆除时间没有明确规定，在设计没有要求的情况下，笔者建议可参照《混凝土结构工程施工规范》（GB 50666—2011）中"底模拆除时的混凝土强度要求"的标准确定，见表4-4。

表4-4 现浇混凝土底模拆除时的混凝土强度要求

构件类型	构件跨度/m	达到设计混凝土强度等级值的百分率（%）
板	≤2	≥50
	>2，≤8	≥75
	>8	≥100
梁、拱、壳	≤8	≥75
	>8	≥100
悬臂结构		≥100

2）预制柱、预制墙板等竖向构件的临时支撑拆除时间，可参照灌浆料制造商的要求来确定拆除时间；如北京建茂公

司生产的 CGMJM-Ⅵ 型高强灌浆料，要求灌浆后灌浆料同条件试块强度达到 35MPa 后方可进入后续施工（扰动），通常环境温度在 15℃ 以上时，24h 内构件不得受扰动；环境温度在 5~15℃ 时，48h 内构件不得受扰动，拆除支撑要根据设计荷载情况确定。

3）拆除临时支撑前要对所支撑的构件进行观察，看是否有异常情况，确认彻底安全后方可拆除。

4）临时支撑拆除后，要码放整齐，以方便向上一层转运，同时保证安全文明施工。

5）同一部位的支撑最好放在同一位置，转运至上一层后放在相应位置，这样可以减少支撑的调整时间，加快施工进度。

4.5 夹芯保温板拉结件设计与要求

预制夹芯保温板应采用拉结件将内外叶板可靠连接。外叶板的荷载通过连接件传递到主体结构上，为保证外叶板不发生坠落安全事故，因此拉结件需要具备一定强度、抗腐蚀性和耐久性，并在保温、耐火等方面有相应要求。

现在采用的拉结件主要有片状和棒状纤维增强塑料（FRP）拉结件以及桁架式不锈钢拉结件。拉结件的抗拔承载力和抗剪承载能力与拉结件的锚固构造、拉结件的横截面形式、墙板混凝土强度、拉结件材料力学性能等因素有关，难以采用统一的方法进行计算，因此需要进行试验确定。

4.5.1 拉结件要求

（1）拉结件定义

拉结件用在两层钢筋混凝土板（内叶板和外叶板）之间，是起拉结连接作用的预埋件，见图 4-44。

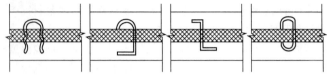

图 4-44　金属拉结件

（2）拉结件是涉及安全和正常使用的连接件，须具备以下性能：

1）在内叶板和外叶板中锚固牢固，在荷载作用下不能被拉出。

2）有足够的强度，在荷载作用下不能被拉断或剪断。

3）有足够的刚度，在荷载作用下不能变形过大，导致外叶板位移。

4）导热系数尽可能小，减少热桥。

5）具有耐久性。

6）具有防锈性。

7）具有防火性能。

8）埋设方便。

（3）拉结件分类

拉结件分金属拉结件和非金属拉结件。

1）金属拉结件，见图 4-45。

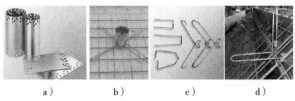

a）　　　　　b）　　　　　c）　　　　　d）

图 4-45　哈芬金属拉结件样图

a）实物图　b）安装图　c）实物图　d）安装图

金属拉结件具有一定的导热性，有可能形成冷热桥而造成热损失。

2）非金属拉结件，如图4-46所示。

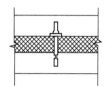

图4-46　非金属拉结件安装图

非金属拉结件材料主要有 GFRP（玻璃纤维复合）、BFRP（玄武岩纤维复合）、CFRP（碳纤维复合）等材料，由于复合材料强度高、导热系数低、弹性和韧性好，是制造保温拉结件的理想材料。

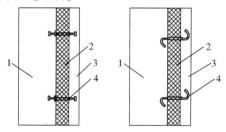

图4-47　内外叶板连接图
1—内叶板　2—保温板　3—外叶板　4—拉结件

FRP 材料最突出的优点在于它有很高的比强度（极限强度/相对密度），即通常所说的轻质高强，其材料力学性能及物理力学性能见表4-5和表4-6。FRP 的比强度是钢材的20～50倍。另外，FRP 还有良好的耐腐蚀性、良好的隔热性能和优良的抗疲劳性能。

表 4-5　南京斯贝尔公司的 FRP 拉结件材料力学性能指标

FRP 材性指标	实际参数
拉伸强度≥700MPa	≥845MPa
拉伸模量≥42GPa	≥47.4GPa
剪切强度≥30MPa	≥41.8MPa

表 4-6　南京斯贝尔公司的 FRP 拉结件力学性能指标

拉结件类型	拔出承载力/kN	剪切承载力/kN
Ⅰ 型	≥8.96	≥9.06
Ⅱ 型	≥12.24	≥5.28
Ⅲ 型	≥9.52	≥2.30

非金属拉结件布置通常按梅花形布置，布置数量按拉结件类型和厂家提供的参数确定。

4.5.2　拉结件计算

（1）一般规定

1）外叶板厚度不宜小于 50mm。

2）为了保证拉结件在混凝土中的锚固可靠，布置时拉结件距墙板边缘尺寸不宜小于 150mm，不应小于 100mm，为了满足防火要求，距离门窗洞口的尺寸不应小于 150mm，拉结件之间的距离不应小于 200mm。当个别拉结件位置与受力钢筋、灌浆套筒、承重预埋件相碰时，允许把拉结件偏移 50~100mm。

3）保温板很薄时，拉结件的垂直挠度很小，拉结件布置间距往往由使用工况的抗剪力和生产脱模工况的锚固抗拔力来决定。

4）保温板很厚时，布置间距往往由使用工况下拉结件的挠度变形起控制作用，此时拉结件布置很密，受力起不到控制作用。

5）《装规》6.2.3 条规定，防火性能应按非承重外墙的要求执行，当夹芯保温材料的燃烧性能等级为 B_1、B_2 级时，内外叶板应采用不燃材料，且不应小于 50mm。

6）夹芯保温板的外叶板在使用过程中由平面外风荷载起控制作用，按《建筑荷载规范》GB 50009—2012 规定计算。

7）夹芯保温板的外叶板在脱模过程中由平面外受重力荷载和平台吸附作用作为控制力，可取重力荷载作用的1.2～1.5 倍。

（2）外叶板受力计算

1）计算简图

外叶板的结构受力简图相当于以拉结件为支撑的无梁板。

2）荷载与作用

外叶板的荷载与作用包括自重、风荷载、地震作用和温度作用。

①外叶板自重荷载：外叶板自重荷载平行于板面，在设计拉结件时需要考虑，在设计计算外叶板时不用考虑。

②外叶板温度应力：外叶板与内叶板或柱梁同样的混凝土，热膨胀系数一样，但由于有保温层隔离，存在温差，温度变形不一样，由此会形成温度应力。

③风荷载：风荷载垂直于板面，是外叶板结构设计的主要考虑荷载。

④地震作用：垂直于板面的地震作用，外叶板设计时需

要考虑；平行于板面的地震作用，外叶板设计时不用考虑，连接件结构设计时需要考虑。

⑤作用组合：计算外叶板和拉结件时，应进行不同的作用组合。

3）内力计算

外叶板按无梁板计算，计算方法采用"等代梁经验系数法"，该方法以板系理论和试验结果为依据，把无梁板简化为连续梁进行计算，即按照多跨连续梁公式计算内力。

"等代梁经验系数法"将支点支座视为在一个方向上连续的支座，这与实际不符，所以须进行调整，调整的方法是将板分为支座板带和跨中板带，支座板带负担的内力多一些，如图4-48所示。

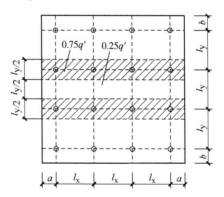

图4-48　等代梁支座板带与跨中板带

支座板带和跨中板带都按照1/2跨度考虑，内力分配系数见表4-7。

96

表 4-7　内力分配系数表

截面位置	支座板带	跨中板带
支座截面弯矩	75%	25%
跨中截面弯矩	55%	45%
端支座	90%	10%

4）配筋复核

根据计算的外叶板的内力分布，可以对外叶板进行配筋设计。

（3）拉结件结构设计

1）作用分析

拉结件的荷载与作用包括外叶板重量、风荷载、地震作用、温度作用、脱模荷载和吊装荷载等。

①外叶板重量。外叶板重量是拉结件的主要荷载，包括传递给拉结件的剪力、弯矩和由于偏心形成的拉力（或压力）。

②风荷载。风荷载对拉结件的作用为拉力（风吸力时）和压力（风压力时）。

③地震作用。平行于板面和垂直于板面的地震作用对拉结件产生不同方向的剪力和弯矩。

④温度作用。外叶板与内叶板的变形差对拉结件的作用而形成弯矩。

⑤脱模荷载。脱模荷载，即外叶板的重量加上模具的吸附力对拉结件形成的拉力。

⑥翻转、吊装荷载。翻转或吊装时，外叶板的重量乘以动力系数对拉结件形成的拉力。

2）拉结件锚固

拉结件在混凝土中的锚固设计没有规范可循，锚固方式与构造依据拉结件厂家的试验结果确定。结构设计师在选用拉结件时，应提供给厂家拉结件设计作用组合值，由厂家提供相应的拉结件设计。结构设计师应审核拉结件厂家提供的试验数据和结构计算书，并在图纸中要求预制构件工厂进行试验验证。预制构件工厂在进行锚固试验时，混凝土强度应当是构件脱模时的强度，这时拉结件锚固能力最弱。

3）拉结件承载力和变形验算

①拉结件的承载能力和变形主要以拉结件厂家的试验数据和经验公式为依据进行验算，设计要求预制构件工厂进行试验验证。拉结件所用材质不是通用建筑材料，其物理力学性能，如抗拉强度、抗压强度、抗弯强度、抗剪强度、弹性模量等，都应当由工厂提供。

②计算简图。拉结件计算简图可视为两端嵌固构件。直杆式拉结件可视为两端嵌固杆。

树脂类拉结件断面沿长度是变化的，材质也是变化的。按各项均质等截面杆件计算有些勉强，计算只是一种参考，还是应强调预制构件工厂进行的试验验证数据。

③拉结件验算内容。拉结件需要验算的内容为：剪切、拉力、剪切加受拉（或受压）、受弯、挠度。

4）承载能力验算

拉结件所承受的剪力、拉力、弯矩，应分别小于拉结件的容许剪力、拉力和弯矩，受力简图见图4-49。

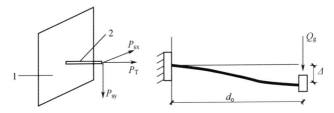

图 4-49　拉结件受力分析图

1—内叶板　2—拉结件

当同时承受拉力和剪力时

$$(V_s/V_t + P_s/P_t) \leq 1 \qquad 式(4-1)$$

式中　V_s——拉结件承受的剪力（kN）；

　　　V_t——拉结件容许剪力（根据试验得到）（kN）；

　　　P_s——拉结件承受的拉力（kN）；

　　　P_t——拉结件容许拉力（kN），根据试验得到。

变形计算：

$$\Delta = Q_g d_a^3/12E_A I_A \qquad 式(4-2)$$

式中　Δ——垂直荷载作用下，拉结件悬臂端的挠度值（mm）；

　　　Q_g——作用在单个拉结件悬臂端外叶墙自重荷载（kN）；

　　　d——拉结件的悬臂端长度（mm）；

　　　E_A——拉结件的弹性模量（MPa）；

　　　I_A——单个拉结件的截面惯性矩（mm⁴）；

拉结件承载能力的安全系数应当不小于 4.0。

4.5.3　构造要求

内、外叶板之间可设置防坠落构造，设置不少于 2 根的不锈钢钢筋或普通钢筋安全拉结件，不锈钢钢筋或普通钢筋的直径根据外叶板的自重并考虑一定动力系数经计算确定。当采用普通钢筋时，应采取镀锌的防腐措施。

第5章 构件工厂安全管理

本章介绍构件工厂安全管理要点（5.1），工厂安全操作规程目录（5.2），场地与道路布置的安全（5.3），工艺设计安全要点（5.4），吊索吊具安全设计（5.5），安全设施与劳动保护护具配置（5.6），设备使用安全操作规程（5.7），常见违章环节与安全培训（5.8），起重作业安全操作规程（5.9），组模作业安全操作规程（5.10），钢筋骨架入模安全操作规程（5.11），混凝土浇筑安全操作规程（5.12），夹芯保温板制作安全操作规程（5.13），养护作业安全操作规程（5.14），脱模作业安全操作规程（5.15），运输、存放、装车安全操作规程（5.16）及材料模具存放安全管理（5.17）。

5.1 构件工厂安全管理要点（图5-1）

由于装配式建筑安全管理范围的扩大和延伸，预制构件工厂的安全管理也是装配式建筑安全管理的重要环节。预制构件工厂安全管理要点主要包括建立完善的安全生产责任制、生产环节操作规程、作业岗位操作规程、机具设备操作规程、劳动防护措施、安全生产检查及安全教育培训等内容。

预制构件工厂要建立完善的安全责任制和

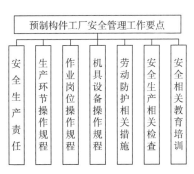

图5-1 构件工厂安全管理要点图

预制构件工厂安全管理工作要点

安全生产责任 | 生产环节操作规程 | 作业岗位操作规程 | 机具设备操作规程 | 劳动防护相关措施 | 安全生产相关检查 | 安全相关教育培训

安全操作规程，通过培训、组织监督人员等方法落实安全制度。

1. 建立安全生产责任制，明确各岗位安全负责人

预制构件工厂管理层设立安全生产委员会，由工厂第一责任人即厂长担任安全委员会主任，成员由工厂相关管理部门负责人组成，负责工厂的安全管理工作；车间设立安全生产小组，模具组装、钢筋加工、构件制作、起重吊运、养护脱模及存放装车等作业班长为小组成员；设置专职安全员负责生产中具体的安全监督管理工作。

（1）厂长是预制构件工厂安全生产的第一责任人，对本单位的安全生产负有以下职责：

1）应建立健全工厂安全生产责任制，组织制定并督促工厂的安全生产管理制度和安全操作规程的落实。

2）定期研究布置工厂安全生产工作，接受政府及上级安全主管部门对安全生产工作的监督。

3）组织开展与预制构件生产有关的一系列安全生产教育培训、安全文明建设。

（2）预制构件工厂安全管理人员的配备数量应符合《建筑施工企业安全生产管理机构设置及专职安全生产管理人员配备办法》（建质〔2008〕91号）以及当地安全主管部门的要求。

安全生产管理人员应具备管理预制构件安全生产的能力，并经相关主管部门的安全生产知识和管理能力考核合格，并持有有效期内的上岗证。安全生产管理人员对安全生产负有以下职责：

1）熟悉安全生产的相关法律法规，熟悉预制构件生产各环节的生产安全操作规程等。

2）负责拟定相关安全规章制度、安全防护措施、安全应急预案等。

3）组织各生产环节员工安全教育培训、安全技术交底等工作。

4）根据生产进度情况，对各生产环节进行安全大检查。

5）负责设置危险部位和危险源警示标志。

6）建立安全生产管理台账，并记录和管理相关安全资料。

2. 制定安全操作规程并进行落实和培训

（1）制定各生产环节的安全操作规程

对预制构件各生产环节制定相应的安全操作规程，建立健全各项制度，并组织施工人员进行培训，生产人员必须遵守安全操作规程进行生产作业，明确各生产环节的安全要点，杜绝危险隐患。

（2）制定每个作业岗位的安全操作规程

1）建立健全岗位安全操作规程，自觉遵守生产线、锅炉设备、搅拌站、配电房的安全生产规章制度和操作规程，按规定配备相应的劳保护具。在工作中做到"不伤害他人，不伤害自己，不被他人伤害"，同时劝阻他人的违章作业。

2）从事特种设备的操作人员要参加专业培训，掌握本岗位操作技能，取得特种作业资格后持证上岗。

3）参与识别和控制与工作岗位有关的危险源，严守操作规程，注意交叉施工作业中的安全防护，做好生产和设备使用记录，交接班时必须交接安全生产情况。

4）对因违章操作、盲目蛮干或不听指挥而造成他人人身伤害事故和经济损失的，承担直接责任。

5）正确分析、判断和处理各种事故隐患，把事故消灭在萌芽状态。如发生事故,要及时正确处理,如实上报,保护好现场并做好记录。

(3)制定各种机具设备的操作规程

制定预制构件生产线设备、钢筋加工生产线设备、搅拌站设备、锅炉设备、起吊设备和电气焊设备等的操作规程,严格遵守设备安全操作规定,操作人员经考核合格后方可独立操作设备。

(4)劳动防护措施

1)在预制构件生产线、钢筋加工生产线、锅炉房、搅拌站、存放场地龙门吊、配电房等危险部位和危险源设置安全警示标志。

2)针对不同班组、不同工种人员提供必要的安全条件和劳动防护用品,并缴纳工伤等保险,监督劳保用品佩戴使用情况,抓好落实工作。

(5)安全生产检查

1)通过定期和不定期的安全检查,督促检查工厂安全规章制度的落实情况,及时发现并消除生产中存在的安全隐患,保证预制构件的安全生产。

2)为了加强安全生产管理,安全检查应覆盖预制构件工厂所有部门、生产车间、生产线。

3)日常检查中主要检查用电、设备仪表、生产线运行、起重吊运预制构件、车间内外的预制构件运输、预制构件存放、设备安全操作规程等情况。其次,应检查各种安全防护措施、安全标志标识的悬挂位置和是否齐全、消防器具的摆放位置与有效期、个人劳动保护用品的保管和使用等。

(6)安全教育培训

各作业人员上岗前应先接受"上岗前培训"和"作业前

培训",培训完成并考核通过后方能正式进入生产作业环节。

1）上岗前培训：对各岗位人员进行岗位作业标准培训。

2）作业前培训：对各工种人员进行安全操作规程培训，培训工作应秉承循序渐进的原则。

3）培训工作应有书面的培训资料，培训完成后应有书面的培训记录，经培训人员签字后及时归档。

5.2 工厂安全操作规程目录

1. 岗位安全操作规程

（1）钢筋加工安全操作规程。

（2）组模、拆模安全操作规程。

（3）钢筋入模安全操作规程。

（4）混凝土搅拌安全操作过程。

（5）混凝土浇筑安全操作规程。

（6）蒸汽养护安全操作规程。

（7）脱模起吊安全操作规程。

（8）运输、存放、装车安全操作规程。

（9）其他有安全要求的岗位安全操作规程。

2. 机械设备安全操作规程

（1）起重机安全技术操作规程。

（2）锅炉安全运行规程。

（3）平板拖车安全操作规程。

（4）叉车、铲车安全操作规程。

（5）混凝土搅拌主机安全操作规程。

（6）混凝土振动器安全操作规程。

（7）翻转机安全操作规程。

（8）预制构件运输车辆注意事项。

(9) 钢筋加工机械安全操作规程。

(10) 抹光机安全操作规程。

(11) 其他机械设备安全操作规程。

5.3 场地与道路布置的安全

预制构件工厂应当把生产区域和办公区域分开，如果有生活区更要与生产区隔离，生产、办公与生活互不干扰、互不影响；试验室与混凝土搅拌站应当划分在一个区域内；没有集中供汽的工厂，锅炉房应当独立布置，见图5-2。

生产区域应该按照生产流程划分，合理流畅的生产工艺布置会减少厂区内材料物品和产品的搬运，减少各工序区间的互相干扰，减少交叉作业，降低作业安全风险。

图5-2 构件工厂全景照片

1. 道路布置

(1) 厂区内道路布置要满足原材料进厂、半成品场内运输和产品出厂的要求。

(2) 厂区道路要区分人行道与机动车道；机动车道宽度和弯道要满足长挂车（一般为17.5m）行驶和转弯半径的要求。

(3) 工厂规划阶段要对厂区道路布置进行作业流程推演，请有经验的预制构件工厂厂长和技术人员参与布置。

（4）车间内道路布置要考虑钢筋、模具、混凝土、预制构件、人员的流动路线和要求，实行人、物分流，避免空间交叉互相干扰，确保作业安全。

2. 存放场地布置

（1）预制构件工厂里的构件存放场地应尽可能硬化，至少要铺碎石，排水要畅通。

（2）室外存放场地需要配置 10～20t 龙门式起重机，场地内应有预制构件运输车辆的专用通道。

（3）预制构件的存放场地布置应与生产车间相邻，方便运输，减少运输距离。

5.4 工艺设计安全要点

预制构件生产工艺设计时，应减少交叉施工，合理布置水、电、汽等线路和管道，降低安全风险。

1. 工艺交叉的安全防范措施

（1）起吊重物时，系扣应牢固、安全，系扣的绳索应完整，不得有损伤。有损伤的吊绳和扣具应及时更换。

（2）作业过程中，要随时对起重设备进行检查维护，发现问题，及时处理，绝不留安全隐患。起吊作业时，作业范围内严禁站人。

（3）操作设备或机械，起吊模板等物件时，应提醒周边人员注意安全，及时避让，以防意外发生。

（4）使用机械或设备，应注意安全。机械或设备使用前应先目测有无明显外观损伤，检查电源线、插头、开关等有无破损，然后试开片刻，确认无异常方可正常使用。试开或使用中若有异响或感觉异样，应立即停止使用，请维修人员修理后方可使用，以免发生危险。

（5）工具及小的零配件不得丢来甩去，模板等物搬移或挪位后应放置平稳，防止伤人。

2. 电源线的架空或地下布置

电源线布线方式有两种，一种是桥架方式，一种是地沟方式；也可以采用桥架和地沟结合的混合方式。

预制构件工厂由于工艺需要有很多管网，例如蒸汽管网、供暖管网、供水管网、供电管网、工业气体管网、综合布线管网及排水管网等，应当在工厂规划阶段一并考虑进去，有条件的工厂可以建设小型地下管廊满足管网的铺设，方便维护与维修。

3. 用电保护

（1）机械或设备的用电，必须按要求从指定的配电箱取用，不得私拉乱接。使用过程中如发生意外，不要惊慌，应立即切断电源，然后通知维修人员修理。严格禁止使用破损的插头、开关、电线。

（2）对现场供电线路、设备进行全面检查，出现线路老化、安装不良、瓷瓶裂纹、绝缘能力降低及漏电等问题必须及时整改、更换。

（3）电气设备和带电设备需要维护、维修时，一定要先切断电源再行处理，切忌带电冒险作业。

（4）大风及下雨前必须及时将露天放置的配电箱、电焊机等做好防风防潮保护，防止雨水进入配电箱和电气设备内。食堂、生活区、办公区线路及用电设备也应做好防风防潮工作。

（5）操作人员在当天工作全部完成后，一定要及时切断设备电源。

4. 蒸汽安全使用

（1）在蒸汽管道附近工作时，应注意安全，避免烫伤。

（2）严格禁止在蒸汽管道上休息。

（3）打开或关闭蒸汽阀门时，必须带上厚实的手套以防被烫伤。

5.5 吊索吊具安全设计

工厂生产过程中存在大量吊运工作，需要根据物体的实际情况，设计和选用合理的吊具、吊索，保证吊装安全。

（1）吊具主要有点式吊具（图6-27）、梁式吊具（图6-28）和架式吊具（图6-29）三种类型，应针对不同预制构件，使用相应的吊具。

（2）吊索与吊具设计应遵循重心平衡的原则，保证预制构件脱模、翻转和吊运作业不偏心。

（3）吊索长度的实际设置应保证吊索与水平夹角不小于45°，以60°为宜；且保证各根吊索长度与角度一致，不出现偏心受力情况，见图5-3。

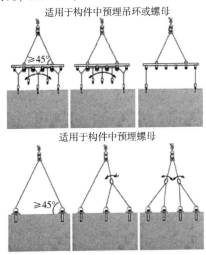

图5-3 吊索与水平夹角不应小于45°

（4）当采用具有一定刚度的分配梁多吊点时，如采用钢丝滑轮组多吊点，则每个吊点的受力应相同。

（5）工厂常用吊具、吊索应当标识可起吊重量，避免超负荷起吊。吊索与吊具应定期进行完好性检查，存放中应采取防锈措施。

5.6 安全设施与劳动保护护具配置

在预制构件厂的危险源和危险区域应设置安全设施，操作工人应穿戴好劳动保护用具方可开始作业。

1. 安全设施

（1）生产区域内悬挂安全标牌与安全标志，见图5-4。

（2）凡工厂之危险区域（易触电处、临边）应妥善遮拦，并于明显处设置"危险"标志。

图5-4　构件工厂安全标志示意

（3）车间内外的行车道路、人行道路要做好分区，分区后应安装区域围栏进行隔离。

（4）厂房内外明显位置要摆放灭火器，灭火器要在有效期内。

（5）立着存放的预制构件要有专用的存放架，存放架要结实牢固，以防止预制构件倒塌。

（6）拆模后模具的临时存放，尤其是高大模具的存放需要有支撑架，支撑架要结实牢固，防止模具倒塌。

2. 劳保护具

作业人员防护用具包括安全鞋、安全帽、安全带、防目镜、电焊帽等。

（1）进入生产区域必须佩戴安全帽，系紧下颚带，锁好带扣。

（2）进行电气焊接、切割等作业，必须佩戴包括手套、电焊帽、防目镜等劳动保护用品。

（3）高处作业必须系好安全带，系挂牢固，高挂低用。

（4）预制构件修补，使用手持式切割机时，应佩戴防目镜以防止灰渣崩入眼中。

5.7 设备使用安全操作规程

1. 通用设备安全操作规程

预制构件工厂中存在大量机械设备，生产过程中须严格遵守相应的安全操作规程，避免对人身及财产安全造成危害。

（1）机械设备危险是针对机械设备本身的运动部分而言的，如传动机构和刀具，高速运动的工件和切屑。如果设备有缺陷、防护装置失效或操作不当，则随时可能造成人身伤亡事故。生产中使用的搅拌机、布料机、行吊、钢筋加工设备等都有可能存在机械设备危险因素。

（2）操作人员应做到熟悉设备的性能，熟练掌握设备正确的操作方法，严格执行设备安全操作规程。

（3）设备操作人员必须经过培训并考试合格后方可上岗，必须佩戴相应的劳动保护用品，非操作人员切勿触碰设备开关或旋钮。

（4）严禁非专业人员擅自修改设备及产品参数。

（5）检查各安全防护装置是否有效，接地是否良好，电、气按钮和开关是否在规定位置，机械及紧固件是否齐全完好；确保设备周围无影响作业安全的人和物。

（6）禁止设备在工作时打开设备覆盖件，或在覆盖件打开时启动运行设备。

（7）定期对各机械设备润滑点进行润滑，保证润滑良好；检查连接螺栓，保证连接螺栓无松动、脱落现象。

（8）设备运行时，严禁人员、物品进入或靠近机械设备作业区内，确保设备安全运行。

（9）禁止用湿手去触摸开关，要有足够的工作空间，以避免发生危险。

（10）当设备出现异常或报警时应立即按紧急停止按钮，待处理完毕后，解除急停、正常运行。

（11）设备停机时要确保各机械处于安全位置后再切断电源开关。

2. 预制构件生产线设备使用安全操作规程

（1）翻板机工作前，检查翻板机的操作指示灯、夹紧机构、限位器是否正常工作。侧翻前务必保证夹紧机构和顶紧油缸将模台固定可靠。翻板机工作过程中，侧翻区域严禁站人，严禁超载运行。

（2）清扫机应在工作前固定好辊刷与模台的相对位置，后续不能轻易改动。作业时，注意防止辊刷抱死，以免电动机烧坏。

（3）隔离喷涂机工作中，应检查喷涂是否均匀，注意定期回收油槽中的隔离剂，避免污染环境。

（4）混凝土输送机、布料机工作过程中，严禁用手或工具深入旋转筒中扒料。禁止料斗超载。

（5）模台振动时，禁止人站在振动台上，应与振动台保持安全距离。禁止在振动台停稳之前启动振动电机，禁止在启动振动时进行除振动量调节之外的其他动作。振动台作业人员和附近人员要佩戴耳塞等防护用品，做好听力安全防护，防止振动噪声对听力造成损伤。

（6）模台横移车负载运行时，前后禁止站人，轨道上应清理干净无杂物。两台横移车不同步时，需停机调整，禁止两台横移车在不同步情况下运行。必须严格按照规定的先后顺序进行操作。

（7）振动板在下降过程中，任何人员不得在振动板下部。振动赶平机在升降过程中，操作人员不得将手放在连杆和固定杆的夹角中，避免夹伤。

（8）预养护窑在工作前应检查汽路和水路是否正常，连接是否可靠。预养护窑开关门动作与模台行进动作是否实现互锁保护。

（9）磨光机开机前，应检查电动葫芦链接是否可靠，并检查抹盘链接是否牢固，避免抹光时抹盘飞出。

（10）立体养护窑与预养护窑操作类似，检修时应做好照明和安全防护，防止跌落。

（11）码垛机工作前务必保证操作指示灯、限位传感器灯安全装置工作正常。重点检查钢丝有无断丝、扭结、变形等安全隐患。在码垛机顶部检查时，需做好安全防护，防止跌落。

（12）中央控制系统应注意检查各部件功能、网络是否接入正常。

（13）拉毛机运行时严禁用手或工具接触拉刀。工作前，先行调试拉刀下降装置。根据预制构件的厚度不同，设置不同的下降量，保证拉刀与混凝土表面的合理角度。

（14）模台运行、流水线工作时，操作人员禁止站在感应防撞导向轮导向方向进行操作；模台上和两个模台中间严禁站人。模台运行前，要先检验自动安全防护切断系统和感应防撞装置是否正常。

3. 搅拌站设备操作安全措施

（1）搅拌站作业前应检查各仪表、指示信号是否准确可靠，检查传动机构、工作装置、制动器是否牢固和可靠，检查大齿圈、皮带轮等部位防护罩是否设置。

（2）骨料规格应与搅拌机的搅拌性能相符，超出许可范围的不得作业。

（3）应定期向大齿圈、跑道等转动磨损部位加注润滑油。

（4）正式作业前应先进行空车运转，检查搅拌筒或搅拌叶的运转方向，正常后方可继续作业。

（5）进料时，严禁进入机架间查看，不得使用手或工具深入搅拌筒内扒料。

（6）向搅拌机内加料应在搅拌机转动时进行，不得中途停机或在满载时启动搅拌机，反转出料时除外。

（7）操作人员需进入搅拌机时，必须切断电源，设置专人监护，或卸下熔断锁并锁好电闸箱后，方可进入搅拌机作业。

5.8 常见违章环节与安全培训

作业人员上岗前应进行安全培训，并经考核合格后方可上岗作业，应明确常见的违章作业及造成的后果。

1. 常见违章环节

（1）起吊预制构件时要检查好吊具或吊索是否完好，如发现异常要立即更换。

（2）起重机吊装预制构件运输时，要注意预制构件吊起高度，避免碰到人。吊运时起重机警报器要一直开启。

（3）摆放预制构件时一定要摆放平稳，防止预制构件倒塌。

（4）大型预制构件脱模后，钢模板尽量平放，若出现立放时，应有临时模具存放架，避免出现钢模板倒塌，给操作人员造成伤害。

（5）使用角磨机必须要佩戴防目镜，避免磨出的颗粒蹦到眼睛里，使用后必须把角磨机的开关关掉，不要直接拔电源，避免再次使用时插上电源角磨机直接转动，操作人员没有防备造成伤害。

（6）清理搅拌机内部时必须要关闭电源。

2. 安全培训

主要从预制构件生产概况、工艺方法、危险区、危险源及各类不安全因素和有关安全生产防护的基本知识着手，进行安全教育培训。

在安全培训中，结合典型事故案例进行教育，可以使工人对从事的工作有更加深刻的安全意识，避免此类事故的发生。

（1）安全培训形式

安全教育培训可采取多种形式进行，如：

1）举办安全教育培训班，上安全课，举办安全知识讲座。

2）既可以在车间内实地讲解，也可以到其他安全生产模范单位去观摩学习。

3）在工厂内举办图片展、播放安全教育影片、黑板报、张贴简报通报等。

安全教育培训后，应采取书面考试、现场提问或现场操作等形式检查培训效果，合格者持证上岗，不合格者继续学习补考。

（2）安全培训内容

1）预制构件生产线安全（模台运行、清扫机、画线机、振动台、赶平机、抹光机等设备安全）、钢筋加工线安全、搅拌站生产安全、桥式门吊和龙门吊吊运安全、地面车辆运行安全、用电安全、预制构件蒸汽养护和蒸汽锅炉及管道安全等。

存放场地龙门吊安全管理中除了确保吊运安全以外，还要防止龙门吊溜跑事故。每日下班前，应实施龙门吊的手动制动锁定，并穿上铁鞋进行制动双保险后，方可离开。

2）预制构件安全，主要是指按照安全操作规程要求起运、存放预制构件。要进行预制构件吊点位置和扁担梁的受力计算、预制构件强度达到要求后方可起吊。正确选择存放预制构件时垫木的位置，多层预制构件叠放时不得超过规范要求的层数等。

3）消防安全管理，主要是指用电安全、防火安全。根据《中华人民共和国消防法》《建设工程质量管理条例》《建设工程消防监督管理规定》中的消防标准进行土建施工，合理地安装室内室外消防供水系统、自动喷淋系统、消防报警控制系统、消防供电、应急照明及安全疏散指示标志灯、防排烟系统，满足消防验收要求。

在存放聚苯乙稀等保温材料的库房和作业现场，要加强防火措施，增加灭火器材。

4）厂区交通安全

①运送货物或构件的运输车辆应按照规定的路线行驶，在规定的区域内停靠。

②厂区内行驶的机动车调头、转弯、通过交叉路口及大门口时应减速慢行，做到"一慢、二看、三通过"。

③让车与会车：载货运输车让小车和电动车先行，大型车让小型车先行，空车让重车先行。

④工厂区内机动车的行驶速度不得超过规定（一般为15km/h），冰雪天气时车速不应超过10km/h。

5.9 起重作业安全操作规程

起重作业前应了解起重机具的性能和操作方法，并应仔细检查起重采用的吊具、索具是否有变形、损坏等异常现象，检查滑车、吊钩等轮轴、钩环、吊钩等有无裂纹和损伤，如有异常应及时降低使用标准或报废更换。

起重作业人员应佩戴和使用劳动防护用品，如安全帽、手套、防滑鞋等。

（1）起吊重物时，应确认起吊物品的实际重量，如不明确，应请技术人员计算确定。

（2）吊具应按物体的重心，确定拴挂位置；用两支点或交叉起吊时，吊钩处千斤绳、卡环、吊索等，均应符合起重作业安全规定。

（3）吊具应拴挂牢固，吊钩应采用封钩，防止起吊过程中的摆动导致物件脱落；捆绑有棱角或利口的物件时，吊索与物件的接触处应垫以麻袋、橡胶等物；起吊长、大物体时，应拴溜绳。

（4）起吊时，应先将物体提升600mm，经检查确认无异常后，方可继续提升。平移路线不得经过作业人员上方。

（5）放置物体时，应缓慢下降，确认物体放置平稳牢靠后方可松钩，以免物体倾斜翻倒造成危险。

（6）起吊物体时，作业人员不得在已受力索具附近停留，特别不能停留在受力索具的内侧。

（7）起重作业应由技术熟练、懂得起重机性能的人担任信号指挥，指挥人员应站在能够照顾到全面工作的地点，所发信号应规范、统一，并做到准确和清楚。

（8）起吊物体时，起重机吊运范围内和重物下方严禁站人，不准靠近被吊物体和将头部伸进起吊物体下方观察情况，也禁止站在起吊物体上。

（9）起吊物体旋转时，应将起吊物体提升到距离所能遇到的障碍物 0.5m 以上。

（10）当使用设有大小钩的起重机时，大小钩不得同时各自起吊物体。

5.10　组模作业安全操作规程

模具组装应按照相应的顺序进行作业，模具吊装和组装应精心细致，避免碰撞。对于采用振动台的工厂，模具更应安装牢靠，避免振动时发生意外。

（1）组装模具应按照组装顺序，对于需要先安装钢筋骨架或其他辅配件的，待钢筋骨架等安装结束后再组装下一道环节的模具，见图5-5。

图5-5　固定模台模具组装

（2）在固定模台上组装模具，模具与模台的连接应选用螺栓和定位销等。

（3）混凝土振捣作业时，要及时复查因混凝土振捣器高频振动可能引起的螺栓松动，着重检查预制柱伸出主筋的定位架、剪力墙连接钢筋的定位架和预埋件附件等位置，如发现偏移，及时进行纠正。

（4）立式模具由于较高，要求有较强的稳定性和一定的操作空间，防止立模倾覆，砸伤操作人员。

（5）对于楼梯、立式浇筑的柱等窄高型的独立模具，要考虑模具的稳定性，必

图5-6 窄高型独立模具组装一

要时需进行倾覆力矩的验算，见图5-6～图5-8。

图5-7 窄高型独立模具组装二

图 5-8　楼梯立模

5.11　钢筋骨架入模安全操作规程

（1）钢筋网和钢筋骨架在整体装运、吊装就位时，应采用多吊点的起吊方式，防止发生扭曲、弯折、歪斜等变形，以免钢筋网和钢筋骨架脱落砸伤人的事故发生。

（2）吊点应根据其尺寸、重量及刚度而定，宽度大于 1m 的水平钢筋网宜采用四点起吊，跨度小于 6m 的钢筋骨架宜采用两点起吊，跨度大、刚度差的钢筋骨架宜采用横吊梁（铁扁担）四点起吊，见图 5-9。

图 5-9　柱钢筋骨架四点吊
（带辅助底模）

（3）为了防止吊点处钢筋受力变形，宜采取兜底吊或增加辅助用具。

（4）钢筋入模后，还应对叠合部位的主筋和构造钢筋进行保护，防止外露钢筋在混凝土浇筑过程中受到污染，而影响钢筋的握裹强度，已受到污染的部位需及时清理，如图5-10～图5-12所示。

图 5-10　叠合梁钢筋保护

图 5-11　预制楼板桁架筋保护

图 5-12　叠合阳台伸出钢筋套管保护

（5）伸出钢筋端部应做包裹处理，尽量避开人员通道，设置警示标志、警戒线、临时围挡，并清除周围障碍物，防止人员被扎伤、刮伤。

5.12 混凝土浇筑安全操作规程

混凝土浇筑方式按混凝土入模方式可分为采用料斗人工浇筑（即料斗人工入模）、半自动喂料斗浇筑（即半自动入模）以及全自动喂料浇筑（即智能化入模）。

1. 喂料入模

（1）半自动入模

半自动喂料斗浇筑是指人工通过操作布料机前后左右移动来完成混凝土的浇筑，混凝土浇筑量通过人工计算或者经验来控制，目前是国内流水线上最常用的浇筑入模方式，见图5-13。

图5-13 喂料斗半自动入模

半自动入模作业时应注意以下安全事项：

1）在布料机工作时禁止打开筛网。

2）严禁用手或工具从料斗中扒料。

3）禁止料斗违规超载。

4）每班结束后关闭电源，清洗料斗。

（2）料斗人工入模

料斗人工浇筑是指人工通过控制吊车前后移动料斗来完成混凝土浇筑，人工入模适用在异形预制构件及固定模台的生产线上，且浇筑点、浇筑时间不固定，浇筑量完全通过人工控制，其优点是机动灵活，造价低，见图5-14。

料斗人工入模作业时应注意以下安全事项：

1）人工浇筑混凝土时，现场作业人员要穿戴好劳保用品，戴好安全帽，穿好防滑安全鞋等。

2）严禁卸料斗超载，混凝土运输过程中，应平稳运输，清理运输路线上的障碍物，无关人员禁止进入作业区域，谨防被设备撞伤。

图 5-14　人工入模

（3）智能化入模

智能化入模又称全自动喂料浇筑，是指布料机根据电脑传送过来的信息，自动识别图样以及模具，从而自动完成布料机的移动和布料，工人通过观察布料机上显示的数据来判断布料机的混凝土量以便随时补充。混凝土浇筑遇到窗洞口时自动关闭卸料口防止混凝土误浇筑，见图 5-15 和图 5-16。智能化入模安全注意事项参见半自动入模。

图 5-15　喂料斗自动入模图示一

2. 混凝土振捣

（1）固定模台插入式振动棒振捣

预制构件振捣与现浇不同，由于套管、预埋件多，普通振动棒可能下不去，应选用尺寸适宜的振动棒，见图 5-17。

图 5-16　喂料斗自动入模图示二

（2）固定模台附着式振动器振捣

固定模台生产叠合楼板、阳台板等板类薄壁形预制构件可选用附着式振动器，见图5-18。用附着式振动器振捣混凝土时应注意以下安全事项：

图 5-17　手提式振动棒

图 5-18　附着式振动器

1）振动台工作时，禁止人站在模台上工作，与振动台保持距离。

2）禁止在模台停稳前启动振动电机，禁止在工作时进行除调整振动量之外的其他动作。

3）振动台工作时，附近的作业人员要佩戴好耳塞等防护用品，做好听力安全防护，避免造成听力损伤。

（3）固定模台平板振动器振捣

平板振动器适用于墙板生产内表面找平振动，或者局部辅助振捣。

（4）流水线振动台自动振捣

流水线振动台通过水平和垂直振动从而达到混凝土的密实。欧洲的柔性振动平台可以上下、左右、前后进行360°方向的运动，从而保证混凝土密实，且噪音能控制在75分贝以内，见图5-19。

图5-19　欧洲流水线360°振动台

欧洲有一些生产预应力构件的生产线也采取自动振捣的方式，一种是在长线台座上安装简便的附着式振动器方式，另一种是在流动生产线的其中一段轨道安装上振动器进行振捣；还有一些生产干硬性制品的设备在生产挤压过程中就实现了同步振捣。

3. 浇筑表面处理

（1）压光面

混凝土浇筑振捣完成后在混凝土终凝前，应当先采用木质抹子对混凝土表面进行砂光、砂平，然后用铁抹子压光。

如采用抹光机，应先检查抹盘连接是否牢固，避免旋转时圆盘飞出；抹光作业时，禁止闲杂人员进入设备作业范围。

（2）粗糙面

1）预制构件粗糙面成型可采用预涂缓凝剂工艺，脱模后采用高压水冲洗。

2）叠合粗糙面可在混凝土初凝前进行拉毛处理（图5-20）。采用拉毛机进行作业时，严禁用手或工具接触拉刀。工作前，应先调试拉刀

图5-20　预应力叠合板浇筑面

的下降位置，根据预制构件混凝土厚度确定下降量，保证拉毛深度。闲杂人员禁止进入作业范围。

5.13　夹芯保温板制作安全操作规程

夹芯保温预制构件也称为"三明治预制构件"，是指由内叶混凝土构件、保温层和外叶板构成的预制混凝土构件。它包括预制夹芯保温板、预制夹芯保温柱、预制夹芯保温梁。其中，应用最多的是预制夹芯保温板。

日本的夹心保温外墙板都是采用两次作业法，欧洲的夹心保温外墙板生产线也都采用两次作业法。采用两次作业法可以控制内外叶板混凝土浇筑的间隔时间，从而保证拉结件与混凝土的锚固质量。

1. 《装标》中对夹芯保温板的成型规定

（1）夹芯保温墙板内外叶板拉结件的品种、数量、位置对于保证外叶板结构安全、避免墙体开裂极为重要，其安装必须符合设计要求和产品技术手册。

（2）带保温材料的预制构件宜采用水平浇筑方式成型，夹芯保温板成型尚应符合下列规定：

1）拉结件的数量和位置应满足设计要求。

2）应采取可靠措施保证拉结件位置、保护层厚度，保证拉结件在混凝土中可靠锚固。

3）应保证保温材料间拼缝严密或使用粘接材料密封处理。

4）在上层混凝土浇筑完成之前，下层混凝土不得初凝。

2. 夹芯保温板浇筑及拉结件埋置

常用拉结件有两种形式：一种是预埋式金属类拉结件，见图5-21和图5-22；另一种是插入式FRP拉结件，FRP指纤维强化塑料，见图5-23。

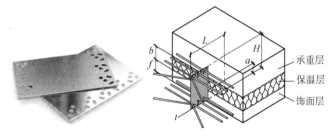

图5-21 哈芬不锈钢
拉结件

图5-22 不锈钢拉结件安装
状体示意图

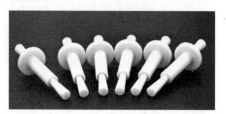

图 5-23　FRP 拉结件

　　拉结件的埋置是夹芯保温外墙板生产过程中最重要的安全和质量控制点，必须给予高度的重视。

　　（1）插入式

　　插入式适用于 FRP 拉结件的埋置。在外叶板混凝土浇筑后，于初凝前插入拉结件，防止拉结件在混凝土开始凝结后插不进去，或虽然插入但混凝土握裹不住拉结件。严禁隔着没有开孔的保温板插入拉结件，这样的插入方式会把保温层破碎的颗粒带入混凝土中，破碎颗粒与混凝土共同包裹拉结件会直接削弱拉结件的锚固力量，非常不安全。

　　（2）预埋式

　　预埋式适用于金属类拉结件。采用金属拉结件时，应当在混凝土外叶板浇筑前，将金属拉结件安装绑扎在外叶板钢筋骨架上，浇筑好混凝土后严禁扰动拉结件。

　　3. 保温板铺设与内叶板浇筑

　　（1）保温板铺设与内叶板浇筑的两种作业法

　　1）一次作业法。在外叶板浇筑后，随即铺设预先钻完孔（拉结件孔）的保温板，采用 FRP 拉结件时，插入 FRP 拉结件后，放置内叶板钢筋、预埋件，进行隐蔽工程检查，在外叶板初凝前浇筑内叶板混凝土。此种做法一气呵成，效率较高，但容易对拉结件形成扰动，特别是内叶板安装钢筋、预埋件、隐蔽工程验收等环节需要较多时间，外叶板混凝土开始初凝时，各项作业活动会对拉结件及周边握裹混凝土造成扰动，将严重影响拉结件的锚固效果，形成重大的质量和安全隐患。

2）两次作业法。外叶板浇筑后，采用 FRP 拉结件时，在混凝土初凝前铺设保温板，将 FRP 拉结件插入到外叶板混凝土中，经过养护待外叶板混凝土完全凝固并达到一定强度后，再浇筑内叶板混凝土。浇筑内叶板混凝土一般是在第二天进行。

（2）保温板铺设

不管是一次作业法，还是两次作业法，保温板在铺设前都应当先钻好孔。

4. 夹芯保温板生产要点

（1）保温板铺设前应按设计图纸和施工要求，在确认拉结件和保温板满足要求后，方可铺设保温板，保温板铺设应紧密排列。

（2）二次作业法采用垂直状态的金属拉结件时，可轻压保温板使其直接穿过拉结件；当使用非垂直状态金属拉结件时，保温板应预先开槽后再铺设，需对铺设过程中损坏部分的保温材料补充完整。

（3）FRP 拉结件在插入外叶板过程中应使 FRP 塑料护套与保温材料表面平齐并旋转90°，如图 5-24 和图5-25 所示。

图 5-24　FRP 拉结件安装

（4）夹芯保温板主要采用 FRP 拉结件或金属拉结件将内外叶板混凝土连接。在预制构件成型过程中，应确保 FRP 拉结件或金属拉结件的锚固长度。

图 5-25　内叶混凝土浇筑前示意

（5）采用二次作业法的夹芯保温板需选择适用的 FRP 保温拉结件，不适合采用带有塑料护套的拉结件。

（6）生产转角或 L 形夹芯保温板时，侧面较高的立模部位宜同步浇筑内外叶混凝土层，生产时应采取可靠措施确保内外叶混凝土厚度、保温板及拉结件的位置准确。

5.14　养护作业安全操作规程

养护是保证混凝土质量的重要环节，对混凝土的强度、抗冻性、耐久性有很大的影响。预制构件养护有 3 种方式：自然养护、自然养护加养护剂、蒸汽加热养护。自然养护需要注意构件的驳运、存放安全，下面主要介绍蒸汽加热养护的安全操作规程。

预制构件一般采用蒸汽加热养护。蒸汽加热养护可以缩短养护时间，快速脱模，提高效率，减少模具和生产能力的投入。

蒸汽养护安全操作规程如下：

（1）开启蒸汽养护前要检查锅炉燃气压力是否正常，管道阀门有无泄漏，阀门开关是否到位。

（2）检查燃气报警装置是否能正常工作，风机是否正常运转。

（3）接通电控系统总开关，检查各部位是否正常。发生故障时是否有信号，如无信号时应采取相应措施或检查修理，排除故障。

（4）在提升至一定压力时，应进行定期排污一次，并检查锅炉内水位。

（5）开启锅炉电源，观察锅炉点火是否正常，有无异常声音。

（6）巡视锅炉升温情况，大小火转换控制是否正常。

（7）检查水泵压力是否正常，有无异常声响。

（8）发现锅炉有异常现象，安全装置失灵时，应按动紧急断开按钮，停止锅炉运行。

（9）锅炉给水泵损坏，调节装置失灵时，应按动紧急断开按钮，停止锅炉运行。

（10）临时停电时，应迅速关闭主蒸汽阀门，防止锅炉失水，并关闭电源总开关和天然气阀门，关闭连续排污阀门，按照正常关炉程序检查是否符合停炉要求。

（11）蒸汽在使用过程中，应巡视管道压力，防止管道超压而造成设备破损等安全事故。

（12）蒸汽系统里的水平蒸汽管段的蒸汽冷凝水常会引起水锤现象。严禁突然关闭管道系统末端的阀门，防止引起水锤现象。

（13）为防止高压蒸汽的高温烫伤等伤害，检查管道时，应采用红外测温枪、包裹布条的木棍等工具进行检查。

（14）操作蒸汽阀门时，应穿戴好个人防护用品，站在蒸汽阀门的侧面进行操作，操作前再次确认个人安全防护用品是否穿戴到位。

（15）蒸汽养护要严格按照蒸汽养护操作规程进行，严格控制预养护时间（2～6h）、升温速率（不超过20℃/h）、恒温时间（不少于4h）和温度（不应超过70℃）、降温速率（不超过20℃/h）等，保证预制构件及养护设施的安全。

5.15 脱模作业安全操作规程

1. 脱模作业的注意事项

（1）应严格按顺序拆模，严禁用振动，敲打方式拆模。

（2）预制构件起吊前，应确认预制构件与模具间的连接部分完全拆除后方可起吊。

（3）预制构件拆模起吊前应检验其同条件养护的混凝土试块抗压强度。

（4）预制构件起吊应平稳，楼板等平面尺寸比较大的预制构件应采用专用多点吊架进行起吊，复杂预制构件应采用专门的吊架进行起吊。

2. 预制构件脱模起吊

（1）预制构件拆（脱）模和起吊要点

1）预制构件脱模起吊时，预制构件同条件养护的混凝土试块抗压强度应符合设计关于脱模强度的要求，且不应小于15MPa。当设计没有要求时，混凝土强度宜在达到设计标准值的50%时方可起吊。否则应按起吊受力验算结果并通过实物起吊验证确定安全起吊混凝土的强度值。

2）工厂应制定预制构件吊装专项方案。

3）预制构件脱模要依据技术部门关于"预制构件拆（脱）模和起吊"的指令，方可拆（脱）模和起吊，工厂应建立有效的沟通机制，及时通报试块强度情况。

4）拆除模具时，应按规定操作，严禁锤击、冲撞等野蛮操作，宜先从侧模开始，先拆除固定预埋件的夹具，再打开其他模板。

5）墙板及叠合楼板等预制构件在吊装前最好利用起重机或木质撬杠先卸载预制构件的吸附力。

6）预制构件起吊前应确认预制构件与模具间的连接部分已完全拆除、吊钩牢固、无松动，预应力钢筋"钢丝"已全部放张和切断。

7）预制构件起吊时，吊绳与水平方向角度不得小于45°，否则应加吊架或横梁。

8）预制构件拆（脱）模起吊后，应及时检查外观质量，对不影响结构安全的缺陷，如蜂窝、麻面、缺棱、掉角、副筋漏筋等应及时修补。

9）当脱模起吊时出现预制构件与模具粘连或预制构件出现裂缝时，应停止作业，由技术人员做出分析后给出作业指令再继续吊吊。

10）预制构件起吊行程应缓慢，且保证每根吊绳或吊链受力均匀。

11）用于检测预制构件拆（脱）模和起吊的混凝土强度试件应与预制构件一起成型，并与预制构件同条件养护。

（2）翻转作业要点

对于平模生产的墙板如果没有翻转机翻转，需采用起重设备辅助翻转，翻转时应注意以下要点：

1）板式预制构件的翻转吊点一般为预埋螺母，设置在预制构件边侧。只翻转90°立起来的预制构件，可以与安装吊点兼用；需要翻转180°的预制构件，需要在两个边侧设置吊点。

2）翻转时预制构件触底端应铺设软隔垫，避免预制构件边角损坏。常用隔垫材料有橡胶垫、XPS聚苯乙烯、废旧轮胎等。

3）起重设备双钩翻转时，两个吊钩应同步升降。

4）翻转作业应当由有经验的信号工指挥翻转作业。

5）一些小型板式预制构件可以采用捆绑软带进行翻转，采用捆绑作业时捆绑绳的位置应符合要求。

6）柱子翻转作业可参见图5-26。

7）生产线翻转。生产线上的预制构件直接在翻转工位翻转，图5-27为翻转工位液压侧立翻转。翻板机工作前，应检查

图5-26 柱子翻转作业

翻板机的操作指示灯、夹紧机构、限位传感器等安全装置工作是否正常。侧翻前务必保证夹紧机构和顶紧油缸将模台固定可靠。

图5-27 生产线翻转工位

翻板机工作过程中，侧翻区域严禁站人，严禁超载运行。

5.16 运输、存放、装车安全操作规程

1. 运输

（1）起重机转运

1）吊运线路应事先设计，吊运路线应避开工人作业区域，起重工应当参加吊路线设计，设计方案确定后应当向起重工交底。

2）吊索、吊具与预制构件要拧固结实。

3）吊运速度应当控制，避免预制构件大幅度摆动。

4）吊运路线下禁止工人作业。

5）吊运高度要高于设备和人员。

6）吊运过程中要设专人指挥。

7）行吊要打开警报器。

8）一些敞口预制构件、L形预制构件和其他异形预制构件在脱模、吊装、运输过程中易被拉裂，需设置临时加固措施，需要设置临时拉结杆的预制构件包括断面面积较小且翼缘长度较长的L形折板、开洞较大的墙板、V形预制构件、半圆形预制构件、槽形预制构件等。这些临时拉杆的预埋件在设计阶段应当设计进去，如果设计没有考虑进去，工厂在编制生产方案时应当加进去。

（2）摆渡车运输

1）各种预制构件摆渡车运输都要事先设计装车方案。

2）按照设计要求的支撑位置加垫方或垫块；垫方和垫块的材质符合设计要求。

3）预制构件在摆渡车上要有防止滑动、倾倒的临时固定措施。

4）根据车辆载重量计算运输预制构件的数量。

5）对预制构件棱角要采取保护措施。

6）墙板在靠放架上运输时，靠放架与摆渡车之间应当用封车带绑扎牢固。

（3）制定运输方案

预制构件运输作业应制定运输方案，其内容包括运输时间、次序、存放场地、运输线路、固定要求、存放支垫及成品保护措施等。对于超高、超宽、形状特殊的大型预制构件的运输应有专门的质量安全保证措施。

（4）预制构件的运输车辆应满足预制构件尺寸和载重要求，装卸与运输时应符合以下规定：

1）装卸预制构件时，应采取保证车体平衡的措施。

2）运输预制构件时，应采取防止预制构件移动、倾倒、变形等的固定措施。

3）运输预制构件时，应采取防止预制构件损坏的措施，对预制构件边角部或与链索接触的混凝土，宜设置保护衬垫。

4）运输细长预制构件时应根据需要设置水平支架。

（5）应根据预制构件特点采用不同的运输方式，托架、靠放架、专用插放架（图 5-28）应进行专

图 5-28　国外预制构件专用
运输插放架

门设计，并进行承载力和刚度验算：

1）外墙板宜采用立式运输，外饰面层应朝外，梁、板、楼梯、阳台宜采用水平运输。

2）采用靠放架立式运输时，预制构件与地面倾斜角度宜大于80°，预制构件应对称靠放，每侧不大于2层，预制构件层间上部采用木垫块隔离。

3）采用插放架直立运输时，应采取防止预制构件倾倒的措施，预制构件之间应设置隔离垫块。

4）水平运输时，梁、柱等预制构件叠放不宜超过3层；楼梯叠放不宜超过4层；板类预制构件叠放不宜超过6层。

（6）运输时应采取如下防护措施：

1）设置柔性垫片避免预制构件边角部位或链索接触处的混凝土损伤。

2）用塑料薄膜包裹垫块以避免预制构件外观污染。

3）墙板门窗框、装饰表面和棱角采用塑料贴膜或其他措施防护。

4）竖向薄壁预制构件要设置临时防护支架。

5）装箱运输时，箱内四周采用木材或柔性垫片填实，支撑牢固。

6）对伸出钢筋采取防护措施，防止撞碰。

（7）运输线路勘察及其他安全注意事项

1）须事先与货车司机共同勘察运输线路，有没有过街桥梁、隧道、电线等对高度的限制。

2）运输线路上有没有大车无法转弯的急弯或限制重量的桥梁等。

3）对司机进行运输要求作安全交底，不得急刹车、急提速，转弯要缓慢等。

4）第一车应当派出车辆在运输车后面随行，观察预制构件稳定情况。

5）预制构件的运输应根据施工安装顺序来制定，如有施工现场在车辆禁行区域的应选择夜间运输，并要保证夜间行车安全。

6）一些敞口预制构件运输时，敞口处要有作临时拉结。

7）图5-29为国外预制构件专用运输车实拍举例，图5-30为国内预制构件运输车实拍举例。

图 5-29　国外预制构件专用运输车

图 5-30　国内预制构件运输车

8）装配式部品部件运输限制参考表 5-1。

表 5-1 装配式部品部件运输限制表

情况	限制项目	限制值	部品部件最大尺寸与重量			说明
			普通车	低底盘车	加长车	
正常情况	高度/m	4	2.8	3	3	
	宽度/m	2.5	2.5	2.5	2.5	
	长度/m	13	9.6	13	17.5	
	重量/t	40	8	25	30	
特殊审批情况	高度/m	4.5	3.2	3.5	3.5	高度 4.5m 是从地面算起总高度
	宽度/m	3.75	3.75	3.75	3.75	总宽度指货物总宽度
	长度/m	28	9.6	13	28	总长度指货物总长度
	重量/t	100	8	46	100	重量指货物总重量

说明：本表未考虑桥梁、隧洞、人行天桥、道路转弯半径等条件对运输的限制。

2. 存放

（1）需设计给出的存放要求

预制构件脱模后，要经过质量检查、表面修补、装饰处理、场地存放、运输等环节，设计需给出支承要求，包括：支承点数量、位置、构件是否可以多层存放、可以存放几层等。如果设计没有给出要求，工厂提出存放方案须经过设计确认。

结构设计师对存放支承必须重视。曾经有工厂就因存放不当而导致大型构件断裂的情况发生（图 5-31）。设计师给出预制构件支承点位置需进行结构受力分析，最简单的办法是在吊点对应的位置做支撑点。

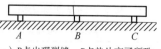

a）B点出现裂缝，B点垫片高了所致

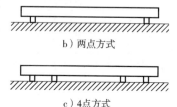

b）两点方式

c）4点方式

图 5-31　支撑点设置示意图

（2）存放要点

1）工厂根据设计要求制定预制构件存放的具体方式和办法。

2）预制构件入库前和存放过程中应做好安全和质量防护。

3）应合理设置垫块支点位置，确保预制构件存放稳定，支点宜与起吊点位置一致。

4）与清水混凝土面接触的垫块应采取防污染措施。

5）预制构件多层叠放时，每层构件间的垫块应上下对齐。

6）柱、梁等细长预制构件宜平放且用两条垫木支撑。

7）叠合楼板、阳台板和空调板等预制构件宜平放，叠放层数不宜超过 6 层；长期存放时，应采取措施控制预应力构件起拱和叠合板翘曲变形。

8）预制内外墙板、挂板宜采用专用支架直立存放，支架应有足够的强度和刚度，预制构件上部宜采用两点支撑，下部应支垫稳固，薄弱预制构件、预制构件薄弱部位和门窗洞口应采取防止变形开裂的临时加固措施。

9）当采用靠放架存放预制构件时，靠放架应具有足够的承载力和刚度，与地面倾斜角度宜大于80°；墙板宜对称靠放且外饰面朝外，预制构件上部宜采用木垫块隔离，比较高的预制构件上部应有固定措施。

10）当采取多点支垫时，一定要避免边缘支垫低于中间支垫，导致形成过长的悬臂，形成较大的负弯矩产生裂缝。

11）梁柱一体三维预制构件存放应当设置防止倾倒的专用支架。

12）楼梯可采用叠层存放。

13）带飘窗的墙体应设有支架立式存放。

14）阳台板、挑檐板、曲面板应采用单独平放的方式存放。

15）预应力构件存放应根据构件起拱值的大小和存放时间采取相应措施。

16）预制构件标识要写在容易看到的位置，如通道侧，位置低的预制构件宜在构件上表面进行标识。

17）装饰一体化预制构件要采取防止污染的措施。

18）有伸出钢筋的构件，要有防止刮碰的保护措施和明显标识。

（3）存放实例

预制构件存放有三种方式：立放法、靠放法、平放法，详见图5-32～图5-45。

图5-32　立放法

图 5-33　靠放法

图 5-34　靠放架

图 5-35　平放法

图 5-36　装饰一体化预制墙板装饰面朝上支承

图 5-37　折板用支架支承

图 5-38　点式支承垫块

图 5-39 板式构件多层点式支承存放

图 5-40 梁垫方支承存放

图 5-41 预应力板垫方支承存放

图 5-42　槽形构件两层点支承存放

图 5-43　L 形板存放方式一

图5-44　L形板存放方式二

图5-45　构件竖直存放

立放法适合存放实心墙板、叠合双层墙板以及需要修饰作业的墙板等预制构件。

靠放法适用于三明治外墙板以及其他异形预制构件。

平放法适合用于叠合楼板、楼梯、阳台板、柱及梁等预制构件。

3. 装车

预制构件装车应根据施工现场的发货指令事先进行装车方案设计，做到：

（1）避免超高超宽。

（2）做好配载平衡。

（3）采取防止预制构件移动或倾倒的固定措施，预制构件与车体或架子用封车带绑在一起。

（4）预制构件有可能移动的空间用聚苯乙烯板或其他柔性材料隔垫。保证车辆转急弯、急刹车、上坡、颠簸时预制构件不移动、不倾倒，不磕碰。

（5）支承垫方垫木的位置与存放一致。宜采用木方作为垫方，木方上应放置白色胶皮，白色胶皮的作用是在运输过程中起到防滑及防止预制构件垫方处造成的污染。

（6）有运输架子时，为保证架子的强度、刚度和稳定性，架子应与车体固定牢固。

（7）预制构件与预制构件之间要留出间隙，预制构件之间、预制构件与车体之间、预制构件与架子之间应设置隔垫，防止在运输过程中预制构件与预制构件之间摩擦及磕碰。

（8）预制构件应设置保护措施，特别是棱角需设置保护垫。固定预制构件或封车绳索接触的预制构件表面需设置有柔性并不会造成污染的隔垫。

（9）装饰一体化和保温一体化预制构件须有防止污染的措施。

（10）在不超载和确保预制构件安全的情况下尽可能提高装车量。

（11）梁、柱、楼板装车应平放。楼板、楼梯装车可叠层放置。

（12）剪力墙预制构件运输宜用运输货架。

（13）对超高、超宽预制构件应办理准运手续，运输时应在车厢上放置明显的警示灯和警示标志。

常见预制构件装车方式参照图 5-46 ~ 图 5-51。

图 5-46 墙板装车及运输方式

图 5-47 大梁装车及运输方式

图 5-48 预制柱装车及运输方式

图 5-49　墙板和 L 形板装车及运输方式

图 5-50　预应力叠合板装车及运输方式

图 5-51　莲藕梁装车及运输方式

5.17 材料模具存放安全管理

1. 材料存放安全管理

（1）保温板、固定模台工艺蒸汽养护用的养护罩、墙板一次成型用的塑钢窗等易燃材料要单独设立存放库房或存放区域，远离电气焊等作业，易燃物品存放库房或区域要设置足够的消防器材。

（2）水泥、骨料等含有粉尘的材料存放、作业区域要有良好的通风、排尘设施，严禁粉尘浓度超标，以防遇明火发生爆燃。

（3）试验、产品清洗等使用的盐酸等腐蚀性溶液，要由专人保管，存放在指定库房。

（4）钢筋、套筒、预埋件、金属拉结件等的存放要有防锈蚀措施，不能直接放在地面上，也不能放在室外露天区域。

2. 模具存放安全管理

模具成本占预制构件总成本比重较大，应当很好地存放和保管。

（1）模具应组装后存放，配件等应一同储存，并应当连接在一起，避免散落。

（2）模具应设立保管卡，记录内容包括：名称、规格、型号、项目、已经使用次数等，还应当有所在模具库的分区与编号。卡的内容应当输入计算机模具信息库，以便于查找。

（3）模具储存要有防止变形的措施。细长模具要防止塌腰变形。模具原则上不能码垛存放，以防止压坏，而且存放储存也不便于查找。

（4）模具立式存放时，要固定牢固，防止模具倾倒发生事故。

（5）模具不宜在室外储存，如果模具库不够用，可以搭设棚厦，防止模具日晒雨淋。

（6）可重复使用的模具部件需妥善保管。

第6章 施工现场安全管理

本章介绍施工现场安全管理要点（6.1）、施工现场安全操作规程目录（6.2）、场地与道路布置的安全（6.3）、起重机等设备安全（6.4）、吊索吊具安全设计（6.5）、工地劳动保护护具配置（6.6）、工地安全设施配置（6.7）、工地常见违章环节与安全培训（6.8）、起重作业安全操作规程（6.9）、支撑系统安全操作规程（6.1）、灌浆作业安全操作规程（6.11）、后浇混凝土模板安全操作规程（6.12）、构件接缝和表面处理作业安全操作规程（6.13）。

6.1 施工现场安全管理要点

与普通建筑相比，装配式建筑施工现场有一定的特殊性，如以吊装作业为主、高空作业多等，由此导致施工中的安全隐患问题也有其显著的特点。

6.1.1 预制构件的运输

预制构件应选择正确的运输方式和固定措施，以适应因道路或施工现场场地不平整而导致的颠簸，确保预制构件不发生倾覆或损坏。

（1）外墙板、内墙板宜采用竖向运输，并使用专用的靠放架，如图6-1所示。

图6-1 预制墙板运输

（2）梁、楼板、阳台板、楼梯类构件宜采用平放运输（楼板、阳台板叠放高度不宜超过 6 层，楼梯不宜超过 4 层），如图 6-2 所示。

（3）柱子宜采用平放运输，如图 6-3 所示。

图 6-2　叠合楼板运输

图 6-3　预制柱运输

（4）有伸出钢筋的构件，包括伸出钢筋的构件总长、总宽应当小于车辆的限长、限宽。

6.1.2　预制构件的存放

施工现场应设置预制构件的临时存放场地。场地的选择一般以塔式起重机能一次吊到位为佳，尽量避免在施工现场内进行二次倒运。构件存放场地应平整、有足够的承载力、不积水。构件应按安装顺序分类存放于专用存放架或垫方、垫木上，防止构件发生倾覆；严禁在构件存放场地外存放构件；严禁将预制构件以不稳定状态放置于边坡上；严禁采用未加任何侧向支撑的方式放置预制墙板、楼梯等构件；且构件存放区应用防护栏杆围上，并设置警示标志牌，严禁无关人员入内，并对吊装作业人员进行作业前书面交底，严禁吊装工人以非工作原因逗留、玩耍、休息于吊装区域内。

预制构件现场布置原则主要有以下几方面，见图6-4：

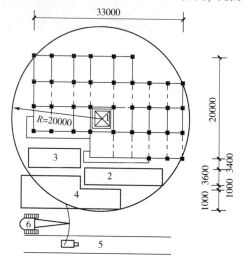

图6-4　场地及吊车布置图示意

1—自升式塔式起重机　2—墙板堆放区　3—楼板堆放区

4—柱、梁堆放区　5—运输道路　6—履带式起重机

（1）重型构件靠近起重机布置，中小型构件则可布置在重型构件外侧。

（2）所有预制构件尽可能布置在起重半径范围内，以避免二次搬运。

（3）构件布置地点应与吊装就位的布置相配合，尽量减少吊装时起重机的移动和变幅。

（4）构件叠放时，应满足安装顺序的要求：先吊装的底层构件在上，后吊装的上层构件在下。

常用构件的存放实例见图 6-5 ~ 图 6-7 所示。

对于特殊构件，如伸出钢筋较长的构件要采取相应防护措施，防止人员或运输车辆的刮碰，造成安全隐患。一般采取如下防护措施：

（1）卸车过程中用警示带拦护，禁止非施工人员入内。

（2）对于有水平伸出钢筋的构件要单独存放在构件存放场地内，并在伸出钢筋处标记显著标识，防止人员走动时发生刮碰。

图 6-5　预制剪力墙、楼梯存放

图 6-6　预制叠合楼板存放

图 6-7　其他构件存放架

6.1.3　预制构件的吊装

预制构件吊装是装配式建筑施工的关键环节。吊装之前应依据预制构件的类型、尺寸，所处楼层位置、重量、数量等参数汇总列表，并根据这些参数对起重设备能力进行核算。

1. 吊装中可能存在的安全风险

（1）连接部位失效

一旦连接部位失效，造成构件掉落，不但会损坏构件，还可能会造成人员伤亡，后果极其严重，如图6-8所示。

图 6-8　吊具损坏

（2）吊装设备问题

吊装设备是预制构配件吊装过程中的主要机械设备之一，

若是吊装设备的性能出现问题，可能会导致构件在吊运时滞留在空中，由此会形成巨大的安全隐患，如图 6-9 所示。同时如果设备长期超负载运行，则可能被预制构件压垮，从而出现折臂或倒塌的严重后果。起重机的地基处理及塔式起重机的附着装置尤为重要！

图 6-9　起重机坍塌故障实例

（3）附着件连接问题

预制构件往往自重较大，因此对塔式起重机等起重设备的附着措施要求十分严格。建设单位与施工单位应于预制构件工厂生产阶段之前，将附墙杆件与结构连接点所处的位置向预制构件工厂交底，在构件预制过程中便将其连接螺栓预埋到位，以便施工阶段塔式起重机附着措施的精确安装。附墙杆件与结构的连接应采用竖向位移限制、水平向转动自由的铰接形式。不得将附墙与外挂板、内墙板等非承重构件连接；且应优先选择窗洞、阳台伸进，如图 6-10 所示。

附墙措施的所有连接件宜采用与塔式起重机型号一致的原厂设计加工的标准连接件，并依照说明书进行安装。因特殊原因无法采用上述标准连接件时，施工单位应提供非标附墙连接件的设计方案、图纸、计算书，经施工单位审批合格后组织专家进行论证，论证合格后方可制造、安装和使用。

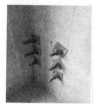

图 6-10　附着件安装

（4）操作不当

由于装配式建筑的大部分构件均需要通过吊装的方式进行施工，起重机使用频繁，较容易发生操作人员操作失误的情况。此外，塔式起重机的地面指挥人员如果与操作人员配合的不够默契，也可能在施工中引起刮碰等安全事故的发生。

（5）吊装工具的认识

平衡钢梁：根据构件尺寸、重量设计制作平衡钢梁来配合吊装作业，使其受力平衡，工人操作方便快捷安全，如图 6-11 所示。

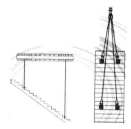

图 6-11　平衡钢梁

2. 临边及高空处作业防护

在装配式建筑施工中，可能发生高空临边坠落的风险较大。对于装配式框架结构施工而言，由于没有搭设外架，使得高处作业及临边作业的安全隐患变得尤为突出，施工人员进行外挂墙板吊装时，安全绳索常常因为没有着力点而无法系牢，更是增大了高空坠落的可能性，严重危及人身安全。

为了防止登高作业和临边作业事故的发生，可在临边搭设定型化工具式防护栏杆，或采用外挂脚手架，其架体由三角形钢牛腿、水平操作钢平台及立面钢防护网组成，如图6-12和6-13所示。

图6-12　临边防护

图6-13　外挂脚手架防护体系

攀登作业所使用的设施和用具，其结构构造应牢固可靠。使用梯子必须注意，单梯不得垫高使用，不得多人同时在梯子上作业，在通道处使用梯子时，应安排专人监控。安装外墙板使用梯子时，必须系好安全带，正确使用防坠器，如图6-14所示。

图 6-14 安全带的配备

重物坠落也是比较常见的安全事故，如预制构配件吊装时，若发生高空坠落，很容易砸伤地面的施工人员，因此需设置安全通道等防护措施，如图 6-15 ~ 图 6-21 所示。

图 6-15 硬隔离的防护设置

图 6-16 安全通道的设置

图 6-17　洞口的防护设置

图 6-18　起重机通道的设置

图 6-19　电梯井内操作平台　　　　图 6-20　采光井防护

图 6-21　上下临时通道的设置

3. 临时支撑体系

（1）剪力墙板、柱等竖向预制构件的临时支撑体系如图 6-22 所示。

图 6-22　竖向构件支撑设置

（2）叠合楼板、梁等水平预制构件的临时支撑体系如图 6-23 所示。

图 6-23　水平构件支撑设置

（3）临时用电安全管理

在装配式建筑施工中，触电是很容易被忽视却又常常会发生的一类事故，预制构件在完成拼装后，外挂墙板的拼接、拼缝防水条焊接、外挂墙板的固定需要加设斜支撑，都需要用电，为便于施工，施工楼层每层必须设置配电箱，现场临时用电按照《施工现场临时用电安全技术规范》（JGJ46—2005）的要求，现场实行一机一箱一闸一漏制度，严格执行三级配电二级保护的用电原则。楼梯通道应使用36V安全电压，如图6-24所示。灌浆设备所用临时电源线应用临时架立，不得随意放在地面上。

图6-24　安全用电现场管理

（4）安全教育

传统的工地现浇建筑作业人员，显然已难以适应装配式建筑施工的要求，因此对工人开展相关的技术技能、安全培训教育是十分必要的。从国内开展装配式建筑施工先行城市的实践来看，工人培训工作主要还是由施工企业自身来组织进行。企业宜将工人技术技能培训、安全培训等结合起来，并在培训后进行理论及实操考试，考试合格者可颁发上岗证，持证上岗。

随着装配式建筑的普及，是否需要将装配式建筑安装施工涉及的新型技术工人纳入到特种工人行列，是否需要对其进行集中培训、考核、管理，也是亟待研究的一个课题。

6.2 施工现场安全操作规程目录

装配式建筑工程施工现场各个环节的安全操作规程，应根据这些环节作业的特点和国家有关标准、规定来制定。根据经验，主要的安全操作规程如下：

（1）部品部件卸车和运输安全操作规程。

（2）预制构件翻转安全操作规程。

（3）预制构件吊装安全操作规程。

（4）临时支撑架设安全操作规程。

（5）后浇混凝土模板支护安全操作规程。

（6）钢筋连接安全操作规程。

（7）现场焊接操作规程。

（8）接缝封堵及分仓安全操作规程。

（9）灌浆料搅拌及灌浆安全操作规程。

6.3 场地与道路布置的安全

预制构件的运输车辆具有车辆重、车身长、运输频率高等特点，所以对工地道路有一定的要求：

（1）构件存放场地设计，要同构件工厂协调，在生产能力和储存能力较大且运输到位及时的情况下，尽可能采用在运输车上直接起吊安装；如果由于工厂产能或储存能力小，则要考虑在现场存放一部分应急构件，并应根据型号和数量及叠放层数要求，确定存放场地的大小。

（2）场内运输道路设计，针对本项目最长最大构件所采用的运输车辆大小，确定道路转弯、会车出入的半径和宽度，通常道路设计宽度为 8～10m，转弯半径设计为 15m。

（3）道路可采取混凝土路面设计。如存在特定条件不能设置混凝土路面时，可采用铺设预制混凝土板或钢板的办法来解决道路承载问题。

（4）运输道路须考虑排水设施，或者利用地理条件自然排水。

（5）起重设备位置的选定，应以场内道路、存放场地、构件安装位置、起重量、装拆方便等方面综合考虑。

（6）在起重机吊装覆盖范围内，不得设计有人员固定停留的场所。

（7）装配式建筑工程施工应采用大流水作业，部品部件、机电安装材料、装饰装修材料到场后可直接吊运至施工楼层，以减少场地占用。

（8）其他施工材料，应根据施工进度计划时间，将场地规划设计为先用先吊先放，做到场地重复使用。

（9）其他方面按照传统工程施工合并考虑。

6.4 起重机等设备安全

1. 制定起重机的起重方案时应考虑的内容

（1）起重机最大起重幅度和起重量。

（2）起重机最小起重幅度和起重量。

（3）起重机独立高度时的起重高度（根据已建结构高度、所吊构件高度、吊具吊索高度来确定）。

（4）起重机参数选择，安全系数一般选择0.8。

2. 塔式起重机位置选择

（1）通常选择外墙立面以及便于安装拆卸的位置安装，如图6-25所示。

（2）符合塔式起重机附墙安装的位置。

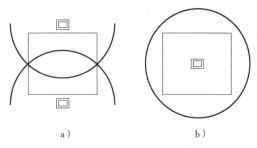

a)   b)

图 6-25　塔式起重机安装位置

a) 边侧布置两部塔式起重机　b) 中心布置一部塔式起重机

（3）塔式起重机起重幅度范围内所有构件的重量符合其起重量。

（4）尽可能覆盖临时存放场地。

（5）条件不许可时，也可选择核心筒结构位置。

（6）塔式起重机不能覆盖裙房时，可选用轮式起重机吊装裙房预制构件，如图 6-26 所示。

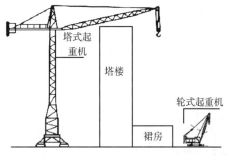

图 6-26　起重机选型使用

3. 架立、提升、固定塔式起重机

（1）按照塔式起重机原制造商提供的载荷参数来设计建

造混凝土基础。

（2）对混凝土基础的抗倾覆稳定性计算及地面压力的计算应符合《塔式起重机设计规范》（GB/T 13752—2017）中的相关规定及《塔式起重机》（GB/T 5031—2008）中的相关规定。

（3）若采用原制造商推荐的固定支腿、预埋件、地脚螺栓的，应按原制造商规定的方法使用。

（4）塔式起重机安装及塔身加节时，应按使用说明书中有关规定及注意事项进行。

（5）塔式起重机安装及塔式起重机提升时，塔式起重机的最大安装高度处的风速不应大于13m/s，当有特殊要求时，应按照用户与制造商的协议执行。

（6）有架空线路的场合，塔式起重机任何部位与输电线路的安全距离不应小于表6-1中的安全距离规定。

（7）装配式建筑工程吊装不同于传统施工，在确定提升重量和附墙设计时，应严格考虑附墙位置结构强度是否能满足吊装作业要求，在安全系数不足的情况下，应采用提前支设附墙、增加附墙数量的方法解决。

表6-1　塔式起重机与高压输电线路的安全距离

安全距离/m	电压/kV				
	<1	1～15	20～40	60～110	220
沿垂直方向	1.5	3.0	4.0	5.0	6.0
沿水平方向	1.0	1.5	2.0	4.0	6.0

6.5　吊索吊具安全设计

预制构件吊装必须使用专用的吊具进行吊装作业，一般需配备吊索（钢丝绳、铁链条、专用吊带）、卸扣、钢制吊具、专用吊扣等。

6.5.1 吊装专用吊具

1. 点式吊具

点式吊具实际就是用单根吊索或几根吊索吊装同一构件的吊具，如图6-27所示。

图6-27 点式吊具

2. 梁式吊具（一字型吊具）

采用型钢制作并带有多个吊点的吊具，通常用于吊装线型构件（如梁、墙板等）或用于柱安装，如图6-28所示。

图6-28 梁式吊具

3. 架式吊具（平面式吊具）

对于平面面积较大、厚度较薄的构件，以及形状特殊无法用点式或梁式吊具吊装的构件（如叠合板、异形构件等），通常采用架式吊具，如图 6-29 所示。

图 6-29 架式吊具图

4. 特殊吊具

为特殊构件而量身定做的吊具，如图 6-30 所示。

图 6-30 特殊吊具

6.5.2 吊装吊具设计

吊装吊具设计时，应从如下几方面进行考虑：

（1）首先要对本项目所有预制构件的几何尺寸、单个重量、吊点设置部位精确掌握，对柱、梁、板、墙、楼梯、楼梯休息平台、阳台等构件设计专用或通用的吊具。

（2）设计时吊索与吊具、构件的水平夹角不宜小于60°，不应小于45°；梁式吊具与构件之间采用吊索连接时，吊索与构件的角度宜为90°，如图6-31所示；架式吊具与构件之间采用吊索连接时，吊索与构件的水平夹角应大于60°，但不应大于90°。

图6-31 梁式吊具采用吊索连接时，吊索与构件的角度宜为90°

（3）钢丝绳吊索宜采用压扣形式制作，如图6-32所示。

（4）卸扣的选用，原则上应选用标准产品，对新技术新产品应进行试验验证后再选用。

（5）所有吊索、卸扣都须有产品检验报告、合格证件，并挂设标牌。

（6）所有钢制吊具必须经专业检测单位进行探伤检测，合格后方可使用。

图6-32 压扣型钢丝绳吊索

6.5.3 预制构件吊具设计方法

1. 柱吊具设计

（1）卸车吊具，通常采用点式或梁式吊具，如图 6-27 所示。如果直接从运输车上吊装，可以省去卸车吊具，直接用吊装吊具进行吊装即可。

（2）吊装吊具，通常采用梁式吊具。吊具连接的吊索根据柱的形式确定，要注意柱在起吊立起时吊索与柱预留钢筋间能顺利穿过，如图 6-28 所示。

2. 梁吊具设计

（1）梁的卸车与吊装一般都采用同一吊具，常规使用梁式吊具，如图6-28所示。

（2）由于构件的长度不一样，所以梁式吊具的吊索距离应当制作成可调整型，如图 6-31 所示。

（3）连接起重机与吊具的吊索为固定吊索。

（4）梁的吊装要考虑调节梁的水平状态，所以在设计吊具时应设置能调节水平用的挂设点，并采用挂设手拉葫芦的方式来调节构件水平状态，如图 6-33 所示。

图 6-33 可调（吊索距离）梁式吊具

3. 平面板式构件吊具设计

（1）预制楼板一般分为叠合楼板、空心楼板、双 T 楼板、华夫楼板（图 6-34）等。

（2）常用叠合楼板的厚度较薄，所以应采用多吊点吊

图 6-34　华夫楼板（在平面上有竖直穿过的圆孔，相当于箱体结构的变形，常用于荷载大的楼板）

装，可采用架式吊具（图 6-29）。在吊架上设计多个耳环挂设滑轮，使吊索在各个吊点受力均匀。

（3）大型工程的楼板（如双 T 板）可采用点式吊具，如图 6-27 所示。

4. 竖向板式构件吊具设计

（1）竖向板式构件一般有剪力墙、外墙挂板、框架结构填充墙板等。

（2）竖向板式构件通常用靠放架进行运输与存放。吊装时采用梁式（图 6-28）或点式吊具。

（3）采用平放运输方式的，要设计卸车吊具，可采用点式或架式吊具；吊装时要考虑翻转立起的，可采用点式或梁式吊具设计。

5. 楼梯、阳台吊具设计

（1）楼梯吊具可采用架式或点式吊具。

（2）主要需考虑吊装时楼梯的水平和倾角正确，常采用下部吊索长度可调整的方式进行设计。

（3）阳台吊具的设计参照楼梯板的吊具，同时需考虑水平调整，便于安装。

6. 吊索与吊具验算

（1）吊装工具及吊索设计要点

1）吊具下侧挂重点对称布置，吊具上面起吊点对称布置。

2）吊具宜采用成品型钢。

3）吊钩两侧吊索长度应事先经计算确定，且不可随意改变。

（2）吊具与吊索的受力简图和计算

1）吊具与吊索的受力简图。吊具受力简图、吊具及吊索示意图见图 6-35。吊具及吊索受力简图，见图 6-36 和图 6-37。吊具采用工字钢制作，构造措施须满足《钢结构设计标准》GB50017 的要求。

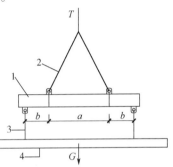

图 6-35　吊具及吊索示意图

1—吊具　2—斜吊索　3—垂直吊索

4—预制构件

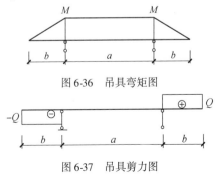

图 6-36　吊具弯矩图

图 6-37　吊具剪力图

2) 吊具与吊索受力计算

①吊具所受的弯矩为

$$M = \frac{Gb}{2} \qquad \text{式(6-1)}$$

式中　M——作用在吊具上弯矩设计值（kN·m）；

　　　G——构件重力荷载设计值（kN）；

　　　b——吊具斜拉索连接点到竖直拉锁点距离（m）。

②型钢截面正应力计算

$$\sigma = \frac{M}{\gamma_x W_{nx}} \qquad \text{式(6-2)}$$

式中　σ——作用在吊具截面上的正应力设计值；

　　　M——作用在吊具上的弯矩设计值；

　　　W——吊具截面抵抗矩；

　　　γ_x——塑性发展系数，本书取1.0。

③吊具所受的剪力计算

$$Q = \frac{G}{2} \qquad \text{式(6-3)}$$

式中　Q——作用在吊具上的剪力设计值；

　　　G——构件重力荷载设计值。

④吊具所受应力计算

$$\tau = \frac{QS_x}{I_x t_w} \qquad \text{式(6-4)}$$

式中　τ——作用在吊具上的剪应力设计值；

　　　Q——作用在吊具上的剪力设计值；

　　　t_w——型钢腹板厚度；

　　　S_x——型钢截面净矩；

　　　I_x——型钢截面惯性矩。

⑤吊索的承载力计算

$$T \leqslant fA \qquad\qquad 式(6-5)$$

式中　T——作用在吊锁上的拉力设计值；

　　　　A——吊索的截面面积；

　　　　f——吊索强度设计值。

7. 吊具安全系数的选取

《混凝土结构设计规范》GB 50010—2010 说明条文 9.7.6 条指出：确定钢筋吊环抗拉强度时应考虑折减系数。折减系数可参考构件的重力分项系数取 1.2，吸附作用引起的超载系数取 1.2，钢筋弯折后的应力集中对强度折减系数取为 1.4，动力系数取 1.5，钢丝绳角度对吊装环承载力影响系数取 1.4。《混凝土结构设计规范》GB 50010—2002 版条文说明 10.9.8 中给出：综合以上因素最不利系数为 4.23，日本技术人员在计算吊具时，安全系数取 10。本书建议吊具与吊索安全系数不应小于 5，不宜小于 10。

6.6　工地劳动保护护具的配置

为免遭或减轻事故伤害和职业危害，进入施工现场的施工人员和其他人员，必须穿戴相应的劳动防护用品，常用的劳动防护用品有：

（1）头部防护类：安全帽、工作帽。

（2）眼、面部防护类：护目镜、防护罩（分防冲击型、防腐蚀型、防辐射型等）。

（3）听觉、耳部防护类：耳塞、耳罩、防噪声帽等。

（4）手部防护类：防腐蚀、防化学药品手套，绝缘手套，搬运手套，防火防烫手套等。

（5）足部防护类：绝缘鞋、保护足趾安全鞋、防滑鞋、防油鞋、防静电鞋等。

（6）呼吸器官防护类：防尘口罩、防毒面具等。

（7）防护服类：防火服、防烫服、防静电服、防酸碱服等。

（8）防坠落类：安全带、安全绳等。

（9）防雨、防寒服装及专用标志服装、一般工作服装。

6.7 工地安全设施配置

为预防安全事故的发生，装配式建筑工程施工主要环节须设置以下基本安全设施：

（1）专用安全护栏：用于吊装和灌浆作业的护栏，并在构件预制时将预埋件预埋到构件内，如图 6-38 所示。

图 6-38 专用护栏

（2）提升式脚手架：是随着吊装工作同步随之升高的一种提升式外脚手架，如图 6-39 所示。

（3）救生索（生命线）：用于叠合楼板（或安全带无处挂设的作业场合）吊装时，操作人员挂设安全带的钢丝绳；钢丝绳应选用直径 12mm 的软钢丝制作，如图 6-40 所示。

图 6-39　提升式外脚手架

图 6-40　救生索（生命线）

（4）防坠器：用于高空作业时，高挂低用的防坠落设施；防坠器应根据作业高度及半径合理选用，如图 6-41 所示。

图 6-41　防坠器

（5）安全绳：狭窄空间与较高筒体内安装构件时使用，安全绳常与自锁器组合使用，如图 6-42、图 6-43 所示。

图 6-42　安全绳

（6）楼梯临时安全护栏：由于装配式楼梯安装后就可以使用，为了防止意外，安装后应马上在楼梯边上加装安全护栏以进行保护，如图 6-44 所示。

图 6-43　自锁器

装配式建筑中常用的外墙脚手架有两种：一种是整体爬升脚手架，见图 6-45；一种是附墙式脚手架，见图 6-46、图 6-47。

图 6-44　楼梯临时安全护栏　　　　图 6-45　整体爬升脚手架

图 6-46　附墙式脚手架一

　　脚手架的特点是架设在预制构件上，这就要求工厂在生产构件时把架设脚手架的预埋件提前埋设进去，隐蔽结点检查时要检查脚手架的预埋件是否符合设计要求。无论采用哪种脚手架，事先都要经过设计及安全验算。

图 6-47　附墙式脚手架二

6.8　工地常见违章环节与安全培训

1. 装配式建筑工程施工安全管理规定

装配式建筑工程施工安全管理规定是施工现场安全管理制度的基础，目的是规范施工现场的安全防护，使其标准化、定型化。每个装配式建筑工程项目在开工以前，以及每天班前会上都要进行安全技术交底，也就是要进行装配式建筑工程施工的安全培训。

（1）安全技术交底的要求和方式

1）安全技术交底要依据审批确认的专项施工方案为基础。

2）依据专项施工方案工艺流程，对各个操作环节进行详细地说明。

3）安全技术交底要图文并茂、直观、简练、易懂，宜辅以微信图片、视频等方式。

4）对每个操作环节的技术要求要明确。

5）针对装配式建筑工程施工全过程，明确施工安全措施。

6）围绕每个操作环节，明确相对应安全设施的设置方法及要求。

7）尽可能地采用有代表性单元制作的模型进行装配式建筑工程安全技术交底。

8）宜采用培训方式进行安全技术交底。

9）当改变工艺时，必须重新进行全面的安全技术交底。

（2）安全教育的主要内容

1）施工现场一般安全规定

2）构件存放场地安全管理

3）岗位操作规程

4）岗位标准

5）设备的使用规定

6）机具的使用规定

7）劳动防护用具的使用规定

2．现场常见的违章环节及禁止行为

（1）当插筋长度达不到设计要求时，禁止安装，同时禁止在没有经过设计人员及监理工程师同意的情况下采用焊接方式焊接加长钢筋。

（2）在旁站监理不在场的情况下，禁止进行灌浆作业。

（3）如发现漏埋预埋管线、预埋件时，禁止在构件上剔凿开孔，损坏构件。

（4）禁止未经同意由施工方采用植筋方式或后锚固的方式进行施工，如果需要，必须经设计及监理的同意，按设计要求操作，在植筋时要用保护层测定仪检测植筋位置是否有钢筋干涉，如有则要避开。

（5）与套筒连接孔连接的钢筋定位不准时，不能用气焊加热煨弯钢筋，严禁直接切除定位钢筋。

（6）在套筒内灌浆料拌合物初凝期（达到构件自身强度前）禁止扰动构件。

3. 其他应禁止的行为

（1）施工过程中注意成品保护，尽量避免在构件卸车和安装过程中的损坏。

（2）禁止将构件在未做任何保护的前提下，直接和硬质的混凝土地面接触。

（3）在吊装过程中，禁止用撬棍强行复位构件，以免损坏构件。

（4）不能随意在构件上开槽、凿洞甚至切割构件。

（5）在外挂架体上严禁堆放周转材料。

（6）灌浆料搅拌过程中严格控制好加水量，严禁随意加水。

（7）座浆部位的现浇混凝土面未经凿毛处理的，禁止进行座浆作业。

（8）叠合板安装后禁止在其上面堆放过重的临时荷载。

（9）支撑体系固定前，禁止摘除吊钩，避免构件滑落。

（10）构件应存放在专用存储架或垫木、垫块上，避免构件倾倒。

（11）构件起吊时，构件下方严禁站人。

（12）灌浆料搅拌后 30min 内须使用完毕，超时的灌浆料拌合物禁止使用。

（13）顶板混凝土强度未达到设计强度前，禁止拆除顶板支撑。

（14）禁止因安装不便而随意破坏剪力墙板的外露箍筋。

（15）禁止在5级及以上大风、雨雪天气时进行施工。

（16）设置构件起吊的安全区域，构件所经区域，应有标识警示，禁止起吊过程中有人员在此区域停留或走动。

4. 高空作业安全防范要点

（1）装配式混凝土建筑施工应执行国家、地方、行业和企业的安全生产法规和规章制度，落实各级各类人员的安全生产责任制。

（2）安装作业使用的专用吊具、吊索及施工中使用的定型工具式支撑、支架等，应进行安全验算。使用中进行定期、不定期检查，确保其处于安全状态。

（3）根据《建筑施工高处作业安全技术规范》JGJ 80 的规定，预制构件吊装人员应穿安全鞋、佩戴安全帽和安全带。在构件吊装过程中有安全隐患或者安全检查事项不合格时应停止高空作业。

（4）吊装过程中摘钩以及其他攀高作业应使用梯子，且梯子的制作质量与材质应符合规范或设计要求，确保安全。

（5）吊装过程中的悬空作业处，要设置防护栏杆或者其他临时可靠的防护措施。

（6）使用的工器具和配件等，要采取防滑落措施，严禁上下抛掷。构件起吊后，构件和起重机下严禁站人。

（7）夹芯保温板后浇混凝土连接节点区域的钢筋连接施工时，不得采用焊接连接。

5. 吊装作业安全防范要点

（1）预制构件起吊后，应先将预制构件提升600mm左右后，停稳构件，检查钢丝绳、吊具及构件状态，确认吊具安全且构件平稳后，方可缓慢提升构件。

（2）起重机吊装区域内，非作业人员严禁进入；吊运预制构件时，构件下方严禁站人，应待预制构件降落至距地面600mm以内方准作业人员靠近，就位固定后方可脱钩。

（3）起重机操作应严格按照操作规程操作，操作人员需持证上岗。

（4）遇到雨、雪、雾天气，或者风力大于5级时，不得进行吊装作业。

（5）高空应通过揽风绳改变预制构件方向，严禁高空直接用手扶预制构件。

（6）夜间施工光线不足时不能吊装。

（7）吊装就位的构件，支撑体系没有固定好不能撤掉吊钩。

除以上《装标》中的规定以外，还应当对构件进行试吊，异形构件吊装过程中还要检查构件是不是平衡，如果不平衡则需要技术人员现场调整，以避免因构件不平衡而出现事故。

6.9　起重作业安全操作规程

1. 操作人员及劳动防护用品要求

（1）操作人员必须持有特种作业操作证。

（2）操作人员必须按照要求佩戴安全帽，特殊工况条件下佩戴口罩或是防毒面罩。

（3）塔式起重机司机、信号工、安装工等操作人员必须相互配合，密切协作，防止发生事故。

2. 操作前的检查

（1）检查起重作业场所所有人员，必须按照要求佩戴安全帽等防护用具。

（2）检查起重作业场所现场，必须规范有序，地面整洁干净。

（3）检查电源线无破损，绝缘良好，电器接地保护装置完好可靠。

（4）检查电器控制器，完好无破损，保证按钮灵活。

（5）检查起重设备的吊钩无变形、保护扣完好；滑轮无缺陷；行车限载器功能正常。

（6）检查钢丝绳等吊索无散股、无磨损及无腐蚀等缺陷；钢丝绳断丝不超标、无整股折断等缺陷；钢丝绳压头和卷筒无变形、无松脱、无跳槽。

（7）检查交接班记录，查看上一班设备的运行情况。

3. 试车

在无荷载情况下，接通电源，开动并检查各运转机构、控制系统和安全装置，在确认灵敏准确、安全可靠的前提下，方可正式开始吊装作业。

4. 吊装作业及注意事项

（1）第一次起吊重物时（或负荷达到最大重量时），应在吊离地面600mm后，将所吊重物放到地面或是承载支撑物上。重新检查制动器性能，确认可靠后，再进行正常作业。

（2）起吊前，必须确认需吊装物品的实际重量，绝对不允许超重起吊作业。

（3）起重机在空载运动过程中，不能将钢丝绳及吊带悬挂于吊钩上移动。

（4）起重机运行至接近终点时，应提前降低速度，缓慢制动，下落起吊物件。

（5）严禁起重机悬吊重物在空中长时间停留。

（6）同一跨度内，两台起重机所吊构件之间必须保持大于1.5m的距离，以防止发生碰撞事故。

（7）在特殊情况下，两台起重机同时吊一构件时，要采取安全防护措施，且每台起重机均不得超负荷。单机允许最大起吊载荷规定为该机额定起重重量的 85%。

(8) 起重机在没有障碍物的线路上运行时，吊钩或吊具以及吊物底面，必须离地 2m 以上，如要超过障碍物时，须超过障碍物 0.5m 高，且不得越人起吊。

(9) 起重机起吊时要保证垂直起吊，不允许同时按住使电动葫芦朝正反两个方向转动控制按钮。

(10) 行车移动时，所有现场人员禁止在吊物范围内正下方 3m 以内停留。

(11) 严禁在起吊作业中进行设备修理和维护作业。

(12) 如遇到起重机故障，必须立即切断电源，停止作业，同时上报设备部检修，排除故障后方能继续使用。

(13) 严格执行起重机 "十不吊" 制度。

5. 作业结束后的工作

(1) 将行车停到空闲位置。

(2) 切断行车电源，将遥控器上的保险关闭，按照要求归位后放在规定的地方存放。

(3) 将吊带放置在规定的地方摆放。

(4) 吊钩上不允许有吊带及其他物品，吊钩距离地面必须要大于 2.5m。

(5) 认真做好当班设备运行交接班记录。

6. 起重机 "十不吊"

(1) 指挥信号不明或违章指挥不吊。

(2) 超过额定起吊重量时不吊。

(3) 吊具不合格或是使用不合理，以及物件捆挂不牢时不吊。

(4) 吊物上有人或有其他浮放物品时不吊。

（5）抱闸或其他制动安全装置失灵不吊。

（6）构件或部品有影响安全工作的缺陷或损伤时不吊。

（7）歪、拉、斜、挂不吊。

（8）具有爆炸性的物件不吊。

（9）埋在地下的物件不吊。

（10）带棱角缺口物件未固定好不吊。

6.10 支撑系统安全操作规程

6.10.1 构件支撑系统的检测

在施工中使用的定型工具式支撑、支架等系统时，应首先进行安全验算，安全验算通过后才能开始使用。同时，也要在使用中定期或不定期地进行检查，以确保其始终处于安全状态。

在实际操作中，应至少包含以下检查项目。

（1）斜支撑的地锚浇筑在叠合层上的时候，钢筋环一定要确保与桁架筋连接在一起。

（2）斜支撑架设前，要对地锚周边的混凝土用回弹仪测试，如果强度未达到要求应当由工地技术员与监理共同制定解决办法并采取相应措施。

（3）检查支撑杆规格、位置与设计要求一致，特别是水平构件。

（4）检查支撑杆上下两个螺栓是否拧紧。

（5）检查支撑杆中间调节区定位销是否固定好。

（6）检查支撑体系角度是否正确。

（7）检查斜支撑是否与其他相邻支撑冲突，如有冲突应及时调整。

6.10.2 水平支撑搭设注意事项

在装配式建筑中水平构件用量较大，其中包括楼板（叠合楼板、双 T 板、SP 板等）、楼梯、阳台板、空调板、遮阳板、挑檐板等。在装配式发展的初期阶段，装配式建筑使用水平构件较多。水平构件在施工过程中会承受较大的临时荷载，因此，此类构件的临时支撑就显得非常重要。

水平构件中，楼面板占比最大。对楼面板的水平临时支撑主要有两种方式，一种是采用传统满堂脚手架，这里不做详述；另一种是独立支撑，目前，在装配式建筑中使用独立支撑的较多，因其方便拆装，作业层整洁，调整标高快捷等优势受到很多施工单位的青睐。

下面以独立支撑为例介绍一下搭设过程中需要注意的事项：

（1）搭设水平构件临时支撑时，要严格按照设计图纸的要求进行支撑的搭设。如果设计未明确相关要求，需施工单位会同设计单位、构件生产厂共同做好施工方案，报监理批准方可实施，并对相关人员做好安全技术交底。

（2）要保证整个体系的稳定性。如果采用独立支撑，下面的三脚架必须搭设稳定，如果采用传统支撑架体，连接节点要保证牢固可靠。

（3）独立支撑的间距要严格控制，避免随意加大支撑间距。当层高超出 3m 时，应缩小支撑间距。

（4）要控制好独立支撑与墙体的距离。

（5）独立支撑标高非常关键，应按要求支设到位，确保水平构件安装到位后平整度能满足要求。

（6）独立支撑的标高和轴线定位需要控制好，防止叠合板搭设出现高低不平。

（7）顶部 U 形托内木方不可用变形、腐蚀、不平直的材料，且叠合板交接处的木方需要搭接。

（8）支撑的立柱套管旋转螺母不允许使用开裂、变形的材料。

（9）支撑的立柱套管不允许使用弯曲、变形和锈蚀的材料。

（10）独立支撑在搭设时的尺寸偏差要符合表 6-2 的要求。

表 6-2　独立支撑尺寸偏差

项 目		允许偏差/mm	检验方法
轴线位置		5	钢尺检查
层高垂直度	不大于 5m	6	经纬仪或吊线、钢尺检查
	大于 5m	8	经纬仪或吊线、钢尺检查
相邻两板表面高低差		2	钢尺检查
表面平整度		3	2m 靠尺和塞尺检查

（11）独立支撑的质量标准应符合表 6-3 的规定。

表 6-3　独立支撑质量标准

项目	要　求	抽检数量	检查方法
独立支撑	应有产品质量合格证、质量检验报告	750 根为一批，每批抽取 1 根	检查资料
	独立支撑钢管表面应平整光滑，不应有裂缝、结疤、分层、错位、硬弯、毛刺、压痕、深的划道及严重锈蚀等缺陷；严禁打孔	全数	目测

项目	要　求	抽检数量	检查方法
钢管外径及壁厚	外径允许偏差 ±0.5mm；壁厚允许偏差 ±0.36mm	3%	游标卡尺测量
扣件螺栓拧紧扭力矩	扣件螺栓拧紧扭力矩值不应小于40N·m，且不应大于65N·m		

（12）水平支撑搭设过程中的安全保障措施

1）独立支撑体系搭设前需要对工人进行技术和安全交底。

2）工人在搭设支撑体系的时候需要佩戴安全防护用品，包括安全帽、反光背心。

3）搭设独立支撑体系时需要按照专项施工方案进行，按照独立支撑平面布置图的纵横向间距进行搭设。

4）独立支撑体系搭设完成后，在浇筑混凝土前工长需要通知生产经理、技术总工、质量总监、安全总监、监理及吊装人员参与叠合板、叠合梁的独立支撑验收，验收合格，方可进行楼板混凝土的浇筑；如果不合格，需要整改后再浇筑混凝土。

5）浇筑混凝土前必须检查立柱下脚三脚架开叉角度是否等边，立柱上下是否对顶紧固、不晃动，立柱上端套管是否设置配套插销，独立支撑是否可靠。浇筑混凝土时必须由模板支设班组设专人看模，随时检查支撑是否变形、松动，并组织及时恢复。

6）搭设人员必须是经过考核合格的专业工人，必须持证上岗，不允许患有高血压、心脏病的工人上岗。

7）上下爬梯需要搭设稳固，应定期检查，发现问题及时整改。

8）及时搭设楼层的周边临边防护、电梯井内及预留洞口封闭。

9）楼层内垃圾需要清理干净，独立支撑拆除后要及时清理出去。

6.10.3 竖向构件临时支撑作业须注意事项

竖向构件一般为预制外墙板（图6-48）、预制柱、PCF板等。该类预制构件通常采用斜支撑固定，临时斜支撑的主要作用是为了避免预制构件在灌浆料达到强度之前，预制构件出现倾覆的情况。

图6-48　预制外墙板斜支撑

竖向构件临时支撑作业时需要注意以下几点：

（1）固定竖向构件斜支撑地脚，可采用预埋方式，将预埋件与楼板的钢筋网焊接牢固，避免混凝土斜支撑受力将预埋件拔出。如果采用膨胀螺栓固定斜支撑地脚，需要楼面混凝土强度达到20MPa以上，这样会大大地影响工期。

（2）特殊位置的斜支撑（支撑长度调整后与其他多数长度不一致）宜做好标记，转至上一层使用时可直接就位，会节约调整时间。

（3）在竖向构件就位前宜先将斜支撑的一端先行固定在楼板上，待竖向构件就位后可马上抬起另一端，与构件连接固定。这样安排工序可提高功效。

（4）支撑预制柱时，如果选择在预制柱的两个竖向面上支撑，应在相邻两个面上，不可选择相对的两面。

（5）待竖向构件水平及垂直的尺寸调整好后，一定要将斜支撑调节螺栓用力锁紧，避免在受到外力后发生松动，导致调好的尺寸发生改变。

（6）在校正构件垂直度时，应同时调节两侧斜支撑，避免构件扭转，产生位移。

（7）吊装前应检查斜支撑的拉伸及可调性，避免在施工作业中进行更换，不得使用脱扣或杆件锈损的斜支撑。

（8）斜支撑与构件的夹角应在 $30° \sim 45°$ 之间，以保证斜支撑合理的探出长度，便于施工及受力均匀。

（9）如果采用在楼面预埋地脚埋件来固定斜支撑的一端，要注意预埋位置的准确性，浇筑混凝土时尽量避免将预埋件位置移动，万一发生移动，要及时调整。

（10）在斜支撑两端未连接牢固前，不能使构件脱钩，以免构件倒落。

6.11 灌浆作业安全操作规程

灌浆作业（图 6-49）是装配式建筑施工现场核心作业之一，对装配式建筑的质量有着非常重要的作用。灌浆作业应随层进行，即在

图 6-49　灌浆作业

上一层构件吊装前进行。灌浆作业的安全操作规程如下：

（1）灌浆前应检查灌浆套筒的通畅情况、预留孔洞的位置及规格。

（2）灌浆料拌合物应在灌浆料生产厂给出的时间内完成灌浆作业，且最长不宜超过30分钟。已经开始初凝的灌浆料拌合物不能继续使用。

（3）灌浆后24h内不得使预制构件和灌浆层受到扰动、碰撞。

（4）灌浆人员须进行灌浆操作培训，经考核合格并取得相应资格证后方可上岗作业。

（5）当钢筋无法插入套筒或浆锚孔时，严禁切割钢筋；严禁将钢筋烤软煨弯。

（6）当连接钢筋深入套筒或浆锚孔的长度比允许误差还短时，严禁进行灌浆作业。

（7）严禁混用灌浆料，严禁将浆锚搭接灌浆料用于套筒灌浆。

（8）严禁灌浆料拌合物在灌浆过程中随意加水。

（9）严禁分仓或接缝封堵座浆料挤紧套筒或浆锚孔。

（10）当灌浆接缝封堵漏气导致灌浆无法灌满时，必须用高压水将灌浆料拌合物冲洗干净，重新进行接缝封堵和灌浆。

（11）电动灌浆机电源要有防漏电保护开关。

（12）电动灌浆机应有接地装置。

（13）电动灌浆机工作期间严禁将手伸向灌浆机出料口。

（14）清洗电动灌浆机时要切断灌浆机电源。

（15）严禁使用不合格的电缆线作为电动灌浆机的电源线。

（16）电动灌浆机开机后，严禁将枪口对准作业人员。

（17）电动灌浆机拆洗要由专人操作。

（18）灌浆料、座浆料搅拌人员需佩戴绝缘手套，穿绝缘鞋，并佩戴口罩和防护眼镜。

（19）搅拌作业人员，裤腿口需要绑紧，避免搅拌机搅拌杆刮缠到裤腿，对作业人员造成伤害。

（20）搅拌作业时，工人手持搅拌机要握紧，因搅拌机搅拌时传力不均，如果没有握紧，搅拌机就可能失控，对作业人员造成伤害。

（21）分仓后，预制构件吊装时，分仓人员要撤离到安全区域。

（22）预制构件安装后，必须在临时支撑架设完成，确保安全后，方可进行接缝封堵等作业。

（23）作业人员在高处进行边缘预制构件接缝封堵、分仓及灌浆作业时须佩戴安全绳。

（24）水平钢筋套筒灌浆连接的高处作业人员要佩戴安全绳。

（25）施工过程中使用的工具、螺栓、垫片等辅材要有专用的工具袋和存储袋，防止施工过程中工具、材料坠落发生危险。

6.12 后浇混凝土模板安全操作规程

（1）在装配式结构中，后浇混凝土部位模板可根据工程现场实际情况而定，一般采用木模板、钢模板或铝模板等。考虑到装配式结构多为后期免抹灰施工，所以要求模板表面必须光滑平整，并且在施工中要接缝严密，加固方式牢固可靠。

（2）后浇混凝土部位的模板要根据现场实际情况及尺寸

进行加工制作，模板的加固方式一般情况下需要在预制构件加工生产时，提前在预制构件上预埋固定模板用的预埋螺母，在施工现场支设安装模板时，采用螺栓与预制构件上预埋螺母进行连接以对模板加固。剪力墙结构后浇混凝土部位模板安装如图6-50所示。

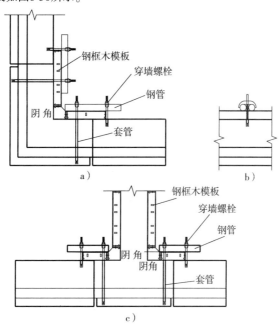

图 6-50　剪力墙结构后浇混凝土部位
模板安装示意图
a）转角处模板节点图　b）侧视图
c）内外墙相交处模板节点图

（3）后浇混凝土浇筑完成后，在竖向受力构件混凝土达到设计强度要求时，方可拆除模板，对于悬挑构件混凝土必须达到设计强度100%时，方可拆除模板。

（4）在模板拆除过程中，需注意对后浇部位混凝土及预制构件进行成品保护，避免造成损坏。

（5）如果在预制构件加工制作过程中遗漏模板安装预埋螺母，可采取后期安装膨胀螺栓的方式进行模板安装。在安装膨胀螺栓时，应首先经过监理工程师的同意，提前使用钢筋保护层探测仪在构件表面对内部钢筋位置进行探测，以便打孔施工时避开构件内部钢筋位置。

6.13 构件接缝和表面处理作业安全操作规程

构件接缝和表面处理作业时，应注意以下安全要点：

（1）所有操作工人劳动安全防护用品必须佩戴齐全有效。高空作业人员应头戴安全帽，身穿紧口工作服，脚穿防滑鞋，腰系安全带，防止钢筋等物刮扯衣物。

（2）施工区域必须有临边防护措施，设置必要的围挡。所有安全防护设施和安全标志等，任何人都不得损坏或擅自移动和拆除。

（3）构件接缝和表面处理作业时，须搭设安全稳固的作业平台，如选用吊篮（图6-51）、临时架体时，也应有拆装方案和防护措施，并进行必要的验算和审核。

（4）施工中对高空作业的安全设施、施工机具等发现有缺陷和隐患时，必须立即报告，及时解决。危及人身安全时，必须立即停止作业。

（5）高空作业场所有坠落可能的材料物品，应一律先行撤除或予以固定。所有物件均应堆放平稳，不妨碍通行和

图6-51 使用吊篮进行构件接缝和表面处理作业

装卸。

（6）遇有 5 级以上强风、浓雾和大雨、雷电等恶劣天气，不得进行吊篮高处作业。大风暴雨后，应对高空作业安全设施逐一检查，发现有松动、变形、损坏或脱落、漏雨、漏电等现象，应立即修理完善或重新设置。

（7）构件接缝处理必须严格按照设计要求和规范要求施工，并在施工过程中保证接缝处的保温、防火、防水、美观的效果达到设计要求。

（8）大多数预制构件的表面处理应在工厂内完成，如喷刷涂料、真石漆、乳胶漆等，在运输、工地存放和安装过程中须注意成品保护。

（9）构件安装好后，表面处理可在"吊篮"上作业，应自上而下进行。

第7章 常见安全问题及其预防

本章介绍构件制作环节常见安全问题及其预防（7.1）和构件安装环节常见安全问题及其预防（7.2）。

7.1 构件制作环节常见安全问题及其预防

构件制作环节常见安全问题汇总如下表。

类型	序号	问题描述	预防措施
前期准备	1	预制构件工厂有大量电气设备和管线，未对作业人员进行专业培训，作业检查不到位等	1. 作业人员须经专业培训后上岗 2. 作业人员须一人作业、一人监护，作业时须穿绝缘鞋 3. 作业前对设备线路进行全面检查 4. 发现线路破损、老化等不良情况，须及时整改更换
	2	对混凝土搅拌机械的操作人员未进行有效的培训，导致相应安全事故发生	1. 作业人员须经专业培训后上岗 2. 作业人员应按照搅拌站安全操作规程进行操作 3. 正式作业前应先进行空转，检查设备是否正常运行 4. 进料时，严禁探头查看，不得使用手或工具探入扒料
	3	大型机械缺少有效的检查和管理措施	1. 须建立设备检查制度，并严格执行，对于搅拌机、起重机等重大机械，要注意检查人员的安全 2. 设备检查时，须切断电源，并安排专人监护，一旦发生意外及时进行救援

类型	序号	问题描述	预防措施
前期准备	4	厂区总平面和车间内部布置不合理或管理不善，物品摆放混乱，人员、车辆混流，起重机吊装作业运行路线随意无序	1. 对厂区要进行总体的合理规划，各种车辆按限速各行其道，有条件的应分别设置办公车出入大门和运输车出入大门，设置员工电动车、自行车专用存放场所，人员行走要有合理安全的通行路线 2. 厂区内各种原材料、半产品、产成品等按划定的区域存放 3. 合理规划车间内起重机吊运混凝土、钢筋及钢筋骨架、模具等的运行路线，起重机运行路线下方严禁人员作业或停留 4. 车间内物品摆放有序，车间通道严禁放置任何物品
	5	临时用电线路走向不合理、使用不规范，缺乏有效保护措施	1. 针对组拆模用的电钻、振动用的振捣棒等电动工具的临时用电必须办理审批手续，并由专职电工进行电源线安装 2. 使用的电源线必须完好，不得有接头，开关柜要设有漏电保护和接地装置 3. 对电源线应做好保护措施，具备条件的应设置临时支架，如果确需设置在地面，应用足够强度的套管或槽钢等对电源线加以防护，确保电源线免受磨损和破坏 4. 临时用电使用完后，由专职电工予以及时拆除

类型	序号	问题描述	预防措施
前期准备	6	未针对易燃物品设置必要的消防设施	1. 对夹芯保温板所用保温材料或者木模、树脂等可燃物品等现场易燃物品和材料应进行专门存放和管理 2. 同时应按照消防设计要求，在易燃物品存放和使用区域配置必要的消防设施和器材
车间生产阶段	7	未对钢模板组装进行安全和技术交底，易发生质量安全事故	1. 模板安装要按照组装顺序安装 2. 吊装模板过程中，应注意模板移动速度和高度，避免模板碰撞他物 3. 模板应通过螺栓和定位销牢固安装在模台上，避免振捣作业时发生意外
车间生产阶段	8	未对构件场内钢筋运输制定专项措施，易发生钢筋损坏和吊装事故	1. 骨架绑扎应到位，钢筋之间、预埋件与骨架之间应牢固绑扎 2. 宽度大于6m的骨架应采用2点或4点横吊梁起吊
车间生产阶段	9	未对混凝土浇筑过程的吊运路线、具体操作采取措施	1. 严禁布料机超载 2. 吊运过程中应平稳运输，清理运输路线上障碍物，无关人员不要进入操作区域 3. 严禁用手或工具从料斗中扒料、出料
养护阶段	10	构件养护阶段未对养护室进行定期检查、未制定保证养护安全的措施	1. 定期检查养护室开关门，确保开关门互锁保护装置正常工作 2. 构件进入立体养护室应固定牢靠 3. 人员进入立体养护室检查时，应做好照明和安全防护、防止跌落

类型	序号	问题描述	预防措施
养护阶段	11	构件养护阶段未对蒸汽设备的操作规程进行安全交底，易发生人员烫伤等事故	1. 严格遵守蒸汽设备安全操作规程 2. 蒸汽管线全程保温无裸露，特别是固定模台出汽口部位 3. 作业人员应戴好防护手套，防止烫伤 4. 运行前应检查水路和汽路压力是否正常，管道阀门有无泄漏 5. 锅炉工作时，须专人负责巡视锅炉情况，检查压力是否正常，安全装置失灵时，应按动紧急断开按钮，停止锅炉运行 6. 临时停电，应迅速关闭主蒸汽阀门，并正常停炉
	12	拆模工作涉及构件翻转、吊运和拆卸模具等工作，养护不到位导致构件开裂脱落砸伤人员，以及脱模不当导致模板砸伤人员	1. 构件脱模应符合设计关于脱模强度的要求，且不应小于 $15N/mm^2$；当设计没有要求时，混凝土强度宜达到设计标准值的50%时方可起吊 2. 翻板机工作前，应检查翻板机的操作指示灯、夹紧机构、限位传感器灯安全装置工作是否正常。侧翻前务必保证夹紧机构和顶紧油缸将模台固定可靠 3. 拆模时应按规定操作，严禁锤击、冲撞等野蛮作业 4. 先拆除固定预埋件的夹具，再打开其他模板

类型	序号	问题描述	预防措施
吊运	13	吊运作业中，要谨防发生吊物脱落事故发生	1. 确认吊物重量及吊装机械起重能力 2. 检查吊具等机械处于正常使用状态 3. 吊装时按照设计吊点位置牢固安装吊索吊具 4. 起吊时，应先将物体提升 600mm，经检查确认无异常后，方可继续提升 5. 无关人员禁止进入起吊物体附近区域，严禁吊物下方站人
存放	14	构件存放区域未做有效规划，存放场地不符合要求，存放方式存在问题	1. 构件须平稳地存放在存放区域，满足存放要求，避免构件倾倒发生砸伤事故 2. 存放场地应尽可能硬化、平整、排水要畅通 3. 存放场地布置应与生产车间相邻，方便运输，减少吊运安全风险 4. 构件存放支撑点数量、位置以及存放层数需要经过设计确认 5. 墙板宜采用专用支架直立存放，对于薄弱部位应采取临时加固措施，保证墙板荷载得到有效支撑
	15	构件伸出钢筋未做保护，易发生人伤物损情况	1. 应对构件的伸出钢筋摆放位置进行统一安排 2. 必要时设置保护措施，防止发生安全事故

（续）

类型	序号	问题描述	预防措施
运输	16	未对构件厂内场地布置、道路运输做合理规划，易发生车辆碰撞、倾倒事故	1. 场地布置主要是满足超长超高超重的构件运输车辆的需求，要能够承受车辆荷载，满足车辆转弯需求，避免车辆碰撞、倾倒事故发生 2. 厂区道路应区分人行道与机动车道，避免空间交叉 3. 车流线要区分原材料进厂路线和构件出厂路线 4. 机动车道的宽度和弯道要满足构件运输车行驶和转弯半径的需要 5. 工厂规划阶段要对厂区道路布置进行作业流程推演，请有经验的构件工厂厂长和技术人员参与布置
	17	未对构件场外运输做合理规划、运输工具不符合要求，未对构件运输安全做专项交底	1. 通常，构件运输车辆运输的构件较重较高，运输距离较长，因此首先需要仔细考虑运输路线，以及常见的交通碰撞事故，另外需要防止发生构件滑动脱落砸伤事故 2. 构件运输车应采取防止构件移动、倾倒、变形等措施，如设置固定架体 3. 构件运输车应采取防止构件损坏的措施，对构件边角部或链索接触的混凝土，宜设置保护衬垫 4. 装卸构件时，构件运输车应采取保证车体平衡的措施 5. 运输路线事先勘察，满足构件运输车辆的重量、高度通过要求 6. 运输构件时不得急刹车、急提速，转弯要缓慢等

7.2　构件安装环节常见安全问题及其预防

类型	序号	问题描述	预防措施
设备及机具	1	前期准备中未对起重设备及吊索吊具进行安全检查，易发生安全事故	1. 对起重机本身影响安全的部位进行检查 2. 对起重机的支撑架设进行检查 3. 当起重机需要附着在预制构件上时，要确保构件已经灌浆，且强度达到要求后才可以架设起重机 4. 吊索吊具使用前应检查其完好性，检查吊具表面是否有裂纹，吊索是否断裂、锈蚀等现象，吊装带是否有破损等现象
	2	起重设备及吊具吊索正在运行和使用时，未对其进行安全检查，易发生安全事故	1. 起重机运行中应做好日常运行记录以及日常维护保养记录 2. 检查起重机各连接件无松动，如有松动及时紧固 3. 保证起重机润滑油、液压油及冷却液充足，及时补充 4. 经常检查起重机的制动器的安全有效性 5. 吊装过程中发现起重机有异常现象要立即停止作业，进行检修 6. 保证吊具吊索等完好，工作状态处于正常

类型	序号	问题描述	预防措施
现场临时存放	3	构件现场临时存放时未划定区域、标识不清、存放方式不对等	1. 工地现场设置构件临时存放区时，应划定专门区域，标识清楚，并设置围挡或划定警戒线 2. 存放场地应尽可能硬化、平整，排水要畅通 3. 构件的存放高度及数量，应考虑存放处地面的承压力和构件的总重量以及构件的刚度及稳定性的要求 4. 构件存放支撑点数量、位置以及存放层数需要经过设计确认，叠放构件之间的各层支点要在同一条垂直线上 5. 墙板宜采用专用支架直立存放，对于薄弱部位应采取临时加固措施，保证墙板荷载得到有效支撑
构件吊运	4	预制构件未能按照要求进行吊装作业，易发生构件坠落、倾倒等	1. 吊装作业前需要对起重机、吊具索具、翻转用具进行检查和试吊，并进行技术交底 2. 在临时存放区吊装墙板时，要精心作业，防止存放区墙板受到扰动或碰撞，导致倾倒 3. 准备好牵引绳等吊装作业的安全防护和辅助措施，构件接近安装部位时，安装人员用牵引绳调整构件位置与方向，构件高度接近安装部位约600mm时，安装人员开始用手扶着构件引导就位 4. 构件吊装就位后，应及时架设临时支撑，临时支撑系统应具有足够的强度、刚度和稳定性，临时支撑固定牢固后方可摘掉吊具吊钩

类型	序号	问题描述	预防措施
构件吊运	4	预制构件未能按照要求进行吊装作业，易发生构件坠落、倾倒等	5. 吊装施工下方的区域要进行隔离、做好标识，并安排专人看守 6. 雨、雪、雾天气和风力大于 5 级时及夜间不得进行吊装作业
支撑体系	5	竖向构件支撑体系未进行合理搭设及检查，易发生构件倒塌	1. 固定竖向预制构件斜支撑的地脚，最好采用预埋方式，并在叠合层浇筑前预埋，且应与桁架筋连接在一起 2. 如果采用膨胀螺栓固定斜支撑地脚，需要楼面混凝土强度达到 20MPa 以上 3. 对支撑体系的部件进行完好性检查，不允许使用弯曲、变形和锈蚀的部件 4. 检查支撑杆规格、位置与设计要求是否一致 5. 检查支撑杆上下两个螺栓是否扭紧 6. 检查支撑杆中间调节区定位销是否已固定好 7. 检查支撑体系角度是否正确 8. 检查斜支撑是否与其他相邻支撑冲突，如有应及时调整
	6	水平构件临时支撑未按照要求进行搭设，易发生构件坍塌	1. 搭设水平构件临时支撑时，要严格按照设计图纸的要求进行支撑的搭设。如果设计未明确相关要求，需施工单位会同设计单位、构件生产厂共同做好施工方案，报监理批准方可实施，并对相关人员做好安全技术交底

类型	序号	问题描述	预防措施
支撑体系	6	水平构件临时支撑未按照要求进行搭设，易发生构件坍塌	2. 要保证整个体系的稳定性。如果采用独立支撑，下面的三角架必须搭设稳定，如果采用传统支撑架体，连接节点要保证牢固可靠 3. 独立支撑的间距要严格控制，避免随意加大支撑间距。当层高超过3m时，应加密搭设 4. 要控制好独立支撑离墙体的距离 5. 独立支撑标高非常关键，应按要求支设到位，确保水平构件安装到位后平整度能满足要求 6. 支撑的立柱套管旋转螺母不允许使用开裂、变形的材料 7. 支撑的立柱套管不允许使用弯曲、变形和锈蚀的材料
	7	未按要求进行支撑体系拆除，易发生构件倾倒或坍塌	1. 灌浆料和混凝土达到规定强度后方可拆除临时支撑，判断混凝土是否达到强度不能只根据时间判断，应该根据实际情况使用回弹仪检测混凝土强度，因为温度、湿度等外界条件对混凝土强度的增长影响很大 2. 拆除临时支撑前要对所支撑的构件进行观察，看是否有异常情况，确认绝对安全后方可拆除 3. 拆除顺序为：先内侧，后外侧；从一侧向另一侧推进；先高处，后低处

类型	序号	问题描述	预防措施
灌浆作业	8	未对灌浆作业人员进行安全操作规程培训，易引发安全事故	1. 灌浆人员必须持证上岗 2. 对每个新参加灌浆的作业人员要进行安全操作规程培训，培训合格方可上岗操作 3. 新项目施工前，对所有的作业人员进行安全操作规程培训，培训合格方可上岗操作 4. 灌浆作业前，技术人员要对所有作业人员进行安全和技术交底
	9	未对灌浆设备采用必要的安全防护措施及未对设备使用者进行安全技术交底和培训，易引发安全事故	1. 电动灌浆机电源要有防漏电保护开关 2. 电动灌浆机应有接地装置 3. 电动灌浆机工作期间严禁将手伸向灌浆机出料口 4. 清洗电动灌浆机及电动灌浆机移动时要切断灌浆机电源 5. 严禁使用不合格的电缆线作为电动灌浆机的电源线 6. 电动灌浆机开机后，严禁将枪口对准作业人员 7. 电动灌浆机拆洗要由专人负责
	10	未关注灌浆作业时的重要安全要点，易造成人员伤亡安全事故	1. 灌浆料、座浆料搅拌人员需佩戴绝缘手套，穿绝缘鞋，并佩戴口罩和防护眼镜 2. 搅拌作业人员，裤腿口需要绑紧，避免搅拌机搅拌杆刮缠到裤腿，对作业人员造成伤害

类型	序号	问题描述	预防措施
灌浆作业	10	未关注灌浆作业时的重要安全要点，易造成人员伤亡安全事故	3. 搅拌作业时，工人手持搅拌机要握紧。因为搅拌机搅拌时力分不均，如果没有握紧，搅拌机就可能失控，对作业人员造成伤害 4. 分仓后，预制构件吊装时，分仓人员要撤离到安全区域 5. 预制构件安装后，必须在临时支撑架设完成，确保安全后，方可进行接缝封堵等作业 6. 作业人员在进行边缘预制构件接缝封堵、分仓及灌浆作业时须佩戴安全绳 7. 水平钢筋套筒灌浆连接的作业人员要佩戴安全绳
高空作业	11	高空作业时吊具、防护设施及用具等使用不规范，易发生高空坠落事故	1. 安装作业使用专用吊具、吊索等，施工使用的定型工具式支撑、支架等，应进行安全验算，使用中进行定期、不定期进行检查，确保其处于安全状态 2. 根据《建筑施工高处作业安全技术规范》JGJ 80 的规定，预制构件吊装人员应穿安全鞋、佩戴安全帽和安全带。在构件吊装过程中有安全隐患或者安全检查事项不合格时应停止高空作业 3. 吊装过程中摘钩以及其他攀高作业应使用梯子，且梯子的制作质量与材质应符合规范或设计要求，确保安全 4. 吊装过程中的悬空作业处，要设置防护栏杆或者其他临时可靠的防护措施 5. 构件安装作业开始前，应对安装作业区进行围护并做出明显的警戒标识，严禁与安装作业无关的人员进入安装作业区，防止高空坠物等造成事故

类型	序号	问题描述	预防措施
其他	12	对于因设计、生产或其他原因导致的预埋件（预埋物）、预留孔洞遗漏、位置偏移、伸出钢筋短于设计长度等问题私自违规处理，造成重大安全隐患	1. 对于因设计、生产或其他原因导致的预埋件（预埋物）、预留孔洞遗漏、位置偏移、伸出钢筋短于设计长度等问题严禁现场操作人员私自处理 2. 一旦出现上述现象须报经设计方和监理方，并由设计方和监理方拿出具体处置方案后，严格按照方案执行补救措施

第8章 装配式建筑安全事故案例

本章介绍构件制作环节的安全事故案例（8.1）及构件安装环节的安全事故案例（8.2）。

8.1 构件制作环节的安全事故案例

8.1.1 组模及拆模过程中发生的安全事故

（1）事故经过

2017年07月25日某生产厂在生产某项目预制柱时，两名模板工人在组装预制柱端头模板过程中，抬起一端模放在模具中未固定牢固，然后两人就去组装另外一端的模板，在组装时引起整体模具的震动致使另外一端模板脱落，砸伤正在路过的工人，见图8-1。

图8-1 模板脱落

（2）事故造成的后果

此次事故造成该工人左小腿骨折，左脚脚趾粉碎性骨折。

（3）造成事故的原因

1）直接原因。模板工人未按照公司操作规定组装模板，安全意识淡薄，安全警惕性不高，在一侧未固定牢固之后就去组装另一侧模板，使模板脱落砸伤其他工人。

2）间接原因。工厂安全管理人员的安全教育不到位，安全交底不明确，安全检查走过场，隐患排查不力。

8.1.2 构件制作过程中发生的安全事故

（1）事故经过

某预制构件工厂采用一次作业法生产的预制夹芯保温外墙板，在脱模吊装时，预制夹芯保温外墙板的外叶板脱落。

（2）事故造成的后果

1）按此方式生产的一批夹芯保温外墙板全部做报废处理。

2）虽然没有造成人员伤亡等恶性事故，但教训也十分深刻。如果不及时调整作业方式，继续生产类似质量的产品，一旦安装到装配式建筑上，就会形成重大的安全隐患，甚至安全事故，后果不堪设想。

（3）造成事故的原因

预制夹芯保温外墙板生产工艺有一次作业法和二次作业法两种，一次作业法就是外叶板浇筑、保温板铺设、拉结件安装及内叶板浇筑一气呵成，但却几乎无法避免浇筑过程中对拉结件的扰动，而正是这种扰动导致了混凝土对拉结件锚固力不够，甚至失效，这是造成事故的主要原因。二次作业法就是先浇筑外叶板并经过蒸汽养护达到一定强度后，再进行内叶板浇筑等作业，这样能有效避免对拉结件的扰动，从而保证对拉结件的锚固力及内外叶板连接的牢固和可靠性。

（4）预防措施

为避免类似事故的发生，宜选用二次作业法生产夹芯保温外墙板。

8.1.3 构件表面处理过程中发生的安全事故

(1) 事故经过

某预制构件生产厂在生产构件时须在构件表面喷涂防护剂，喷涂工在喷涂时发生中毒症状。

(2) 事故造成的后果

造成直接经济损失5千余元，也影响了生产进度。

(3) 造成事故的原因

1) 直接原因。喷涂工经验不足，在进行喷涂时未佩戴专业防护设备。

2) 间接原因。喷涂车间密闭狭小，空气流通不畅。

(4) 预防措施

在从事对人身体有害的作业时，上岗前需对作业人员进行专业培训，作业时佩戴正确的劳保用品。保证喷涂地点的空气流通性，避免在密闭空间进行喷涂。

8.1.4 构件起吊存放过程中发生的安全事故

(1) 事故经过

2016年12月10日某公司在生产外挂墙板时，拆模起吊过程中，起吊埋件被拔出，造成安全质量事故，见图8-2。

(2) 事故造成的后果

本次事故造成构

图8-2 埋件拔出

件整体报废,直接经济损失达 8000 元。同时还严重影响了生产进度。

(3)造成事故的原因

1)直接原因。气温低,蒸汽养护时间不到,混凝土强度未达到规范要求的起吊强度。

2)间接原因。实验室监督不到位,养护时未设置同条件养护试块,应在同条件养护试块试压合格后再进行起吊作业。

8.1.5 构件运输过程中发生的安全事故

(1)事故经过

2017 年 9 月 13 号某公司在运输某项目构件时,运输车走到丁字路口急转弯处时,由于车速过快,构件固定不牢,将构件甩落到地下,见图 8-3。

图 8-3 运输中构件倾倒

(2)事故造成的后果

本次事故造成构件整体断裂报废,直接经济损失达 3 万余元,所幸未造成车辆损失和人员伤亡。

（3）造成事故的原因

1）直接原因。司机杨某违反道路交通法的规定，超速行驶，安全意识淡薄，在转弯时没控制好车速，使车辆离心力过大，造成事故。

2）间接原因。公司安全管理人员的安全教育不到位，司机运输大型构件的经验不足，在运输大型构件前，公司安全管理人员应统一对司机进行培训，讲解运输中的注意要点并严格遵守交通法规。

8.2 构件安装环节的安全事故案例

8.2.1 构件安装过程中发生的安全事故 1

（1）事故经过

2018 年 3 月，某工地预制墙板卸车过程中，施工人员仅吊挂了墙板对角线上的两个吊环，且在起吊后仍站在墙板上。墙板吊运过程中钢丝绳剧烈晃动，造成墙板失衡，施工人员站立不稳继而摔下墙板。

（2）事故造成的后果

本次事故造成张某脚踝骨折，手腕多处受伤。

（3）造成事故的原因

1）直接原因。施工人员违规操作，未按照构件吊装作业规范进行操作，在本应钩挂四点的情况下只挂两点并且挂完吊钩没有从墙板上撤离，在随墙板吊运途中从墙板上摔下，这是事故发生的主要原因。同时，吊车司机明知存在安全隐患仍然起吊，也是本次事故发生的重要原因。

2）间接原因。项目负责人安全意识淡薄，未尽到安全管理职责，对施工人员的安全教育培训不到位，未督促施工人员严格按照《装配式混凝土结构技术规程》进行规范作业，对存在的危险认识不足，未能及时发现并制止施工人员的违章行为。

8.2.2 构件安装过程中发生的安全事故2

（1）事故经过

2017年4月14日，某项目在卸装1#楼8层构件（构件重约6t）时发生构件坠落事故，见图8-4。

图8-4 构件坠落

（2）事故造成的后果

本次事故造成构件整体报废，直接经济损失2万余元，还造成了工期延误。

（3）造成事故的原因

1）直接原因。起吊埋件质量欠佳，特别是埋件螺纹质量。通过观察多个预埋内螺纹，发现近孔口4～5圈螺纹纹齿深度不足，齿面较平。

现场采用的吊环螺纹段较短，再加上吊点预埋有10mm

的内凹，其有效受力螺纹段长度明显不足，是本次事故发生的主要原因。

2）间接原因。起吊时吊点的受力不均，也是造成本次事故的一个原因。

8.2.3 构件安装过程中发生的安全事故3

（1）事故经过

2017年12月21日，某综合楼工程施工现场，在进行8楼阳台预制板安装时，发生一起阳台预制板断裂导致支撑坍塌的事故，见图8-5。

图8-5 支撑坍塌导致工人被埋

（2）事故造成的后果

本次事故造成3人死亡、1人重伤的严重后果，直接经济损失达80万元。

（3）造成事故的原因

1）直接原因。制作模板时未在预制板上采取任何分散载荷的保护措施，支撑立柱杆直接落在预制板上。

2）间接原因。预制板强度未达到安装标准就提前安装。

（4）预防措施

施工单位主要负责人、现场监理工程师必须做好现场监督工作，预制构件工厂应严把质量关，强度不达标坚决不能出厂。

8.2.4　构件安装过程中发生的安全事故4

（1）事故经过

某工地预制墙板安装完成后，在强风的作用下，预制墙板发生倾倒，并将用于支撑预制墙板的斜支撑拔起。

（2）事故造成的后果

造成预制墙板损坏，工地全面停工。

（3）造成事故的原因

施工人员没有按照设计要求，将斜支撑与叠合楼板的桁架筋锚固连接，而是直接埋设到了叠合楼板后浇混凝土中，在后浇混凝土还没有达到强度时，受强风的外力作用导致预制墙板倾倒，现场监理、质检员、安全员没有认真检查斜支撑安装情况，造成重大安全和质量隐患，导致该事故发生。

（4）预防措施

施工人员应严格按照设计要求，将斜支撑与叠合楼板的桁架筋锚固连接。

8.2.5　构件安装过程中发生的安全事故5

（1）事故经过

某工地在安装叠合楼板并浇筑后浇混凝土叠合层时，振捣过程中发生局部楼板大面积坍塌，造成较大的伤亡事故。

（2）事故造成的后果

1）造成施工人员一死九伤的严重后果。

2）坍塌部位的混凝土预制楼板和后浇混凝土全部报废。

（3）造成事故的原因

坍塌部分是两层的挑空部位，层高超过了常规的3m，达到了7m，而叠合楼板支撑体系没有按照相关规范、规程架设，导致压杆失稳，造成坍塌。

（4）预防措施

水平构件的竖向支撑应该严格按照相关规范、规程要求的方式和间距架设，当层高超过3m较多时，须加密搭设。